創業股權規劃實戰聖經：

給台灣新創、投資者的募資、估值、財務問題解決指南

莊世金 會計師

作者自序

莊世金

股權規劃這檔子事,真是一門雜學。

不只是對股份要有所認識,尚需要了解公司的運作,還要理解公司估值的技術,以及能找出財務面、會計面及稅務面的問題,還有最重要的是人性的變化,及對價值價格的認識。

本書試著從股權價值出發,透過財務、稅務、法務等工具的選用,整合出如何替企業創造價值的解決方案。如何從股權觀念透過「換價」的程序,交換到有利於企業的價值。我試圖定義這樣創造價值的思維為「創價思維」。

感謝在執業生涯中遇到很棒的良師益友。感恩前老闆陳兆宏會計師的教導及磨練,讓我從蹲馬步基本功,精進實務經驗,與專業的問題解決能力。

感謝天地人文創的創辦人楊傑年董事長提供機會,讓我擔任課程講師,讓我可以跟許多中小企業創業家,研究問題,並試著解決疑問,磨練問題解決的技術,並且變成這本書重要的材料及觀點。

感謝許坤皇律師在公司法的教導與實務經驗分享,並幫忙審閱本書。感謝李偉俠老師的引薦,並提供相關人派資源的連結,否則這本書無

緣問世。感謝黃協興會計師，撥空認真的幫我審閱這本書並提供給我意見參考。感謝陳泰明老師在百忙之中真誠認真的幫忙審閱本書。感謝我的論文指導教授，政治大學法律系林國全教授，在百忙之中，撥空幫忙審閱，並提供相關法律意見。感謝張威珍會計師，有機會聽到其「以人為本」理念的演講，書中好些想法是從其啟發而來。

感謝幫忙本書撰寫導讀文章的黃沛聲律師，及感謝跟我聊聊書中的一些議題及想法的周泰維律師與王健安律師。

這本書的完成，需要感謝的人很多，包括出版社的編輯群，願意提供協助及推薦的各位大神，辦公室同仁的容忍及協助，家人老婆小孩的支持。要感謝的人太多了，無法一一問候，就感謝老天爺吧！

這本書大概是我最近十年的思維過程，處理過的創業股權案例，遇到的狀況等等問題，整合出來的結果。直到現在，我仍接觸不同的案例，透過新的案例繼續學習。很高興有機會寫成一本書，讓大家能透過閱讀這本書，幫助創業者、投資者、經營者，在股權規劃中，找到方法、了解規則，創造屬於公司的價值。

專文導讀

黃沛聲 (Bryan)

律師

身為商務律師，在十餘年來協助數百間新創的經驗裡，看多了商業簡報，越發有感，眾多創業者在比拼的，與其說是創業點子或創新技術，不如說是「執行力」。

相同的創業題目，由不同的創業者來執行，價值可能相差萬倍。我曾見過厲害的創業家從零將不起眼的面膜項目做成百億公司。也見過國際級的技術學者，將十億現金投資的生技項目執行到零。更曾見過不同的創業者，同時開始挑戰線上教學這個題目，但是幾年下來，成果懸殊。

所謂的「執行力」，固然包括企業營運中行銷、研發、財務、人資等等所有環節，不過萬朝歸宗，一切的執行成果，最終都會歸結在「股權價值」這個創業計分板上。此外，股權也同時在創業這件事中扮演了募資、團隊激勵、併購等等重要場景中的主角。

我深信，創業這檔事，技術、點子雖然重要，但能夠成功的創業者，無非是能搞懂股權、並能以股權做為核心工具執行出企業價值者莫屬！

在 2016 年我曾協助審定過一本專業投資書籍《創業投資聖經》，連結國外創投知識框架和潮流，可惜之處在於該書重心放在投資條款，

而且書中涉及的公司法與稅法為美國規定。再加以當時台灣公司法立法老舊，股票面額、特別股條件等等均未開放，如何能適用在台灣公司法下辦理合法股權登記，並無詳細的作法說明。

因此，一直以來我的心願之一，就是希望能把過去的輔導創業實務經驗整理成淺顯易懂的文字，讓創業者能避免前人創業重複犯過的錯誤。

本次好友莊世金會計師寫出的本書內容，正是這樣的一本書！補足了 2018 台灣公司法大修正之後，新創投資的理論與實務接軌欠缺的重要拼圖。文字說明淺白又不失專業，彌足珍貴。

我很榮幸能共同為文，設例為讀者導讀，以新創投資實務上經驗整理重點與法律注意要點，希望能協助大家更快速、完整的吸收。

始終認為新創能為國家經濟注入創新動能，也能幫助產業和商業模式更臻進化。商業是由夢想創造出價值的過程，而法律是最實際的程序執行，夢想樓閣終究要實際接地，創業者想要成功營運企業，只有讓法律協助商業才是完美的組合！

讓創業者、投資人、公司員工
多贏的股權規劃

李柏鋒

INSIDE 主編

打造一家企業需要聚集很多資源，這些資源大多不是平白無故投入，各有想要的回報，對於未來好處進行積極的爭取，這本來就是資本運作的動力來源。因此新創公司的「股權規畫」就顯得特別重要，但是對於創業者來說，不但還有更多緊急的事情要忙，而且也真的對財務會計沒有概念，因此往往等到吃虧了，才發現早知道就更認真對待股權規劃，可惜為時已晚。

在還來得及的時候，這本書可以給你很多幫助，從結果來看，再也沒有比這個更划算的投資了。作者莊世金會計師用一個「航海」的例子貫穿整本書，不管是現金增資、技術作價、勞務作價、資產作價或是債權抵繳，這些聽起來艱澀的專有名詞，在航海的例子當中反而顯得簡單明瞭。

不管你是公司的負責人、投資人，能不好好瞭解清楚這些運作規則嗎？

例如書中提到的技術入股，試想，你提供了一項技術，將技術拿去鑑價並且申請作為技術作價，相當於一千萬元的資本額，但你其實沒有拿到任何一毛錢，卻要因為這一千萬而繳稅，這就是所謂的「稅災」。在 2018 年公司法修正之後，該如何運用無面額股來規劃技術作價，讓公司可以取得技術，也讓技術人員不必承擔稅災的風險，其實

是現今創業者與專業工作者必修的學分。

　　莊世金會計師在書中提到，財務會計的運作，是為了解決交換資源的計量及計價問題。因此無論是無形的服務、有形的財產，甚至不管是或不是法律上承認的資產，都可以創造出「被作價的資產價值」，而成為公司的一部份。

　　然而如何運作，取得多贏的局面，正是股權規畫所要追求的目標。無論是新創公司的負責人、打算入股的投資人，或是想要以技術或是勞務入股的專業人才、企業員工，都應該要好好了解，取得最自己最有利的條件，否則輕則損失該有的權益，重則承擔稅災，可就悔不當初了。

　　身為科技媒體主編的我，時常接觸新創團隊，看這本書的過程中，許多台灣新創過去的血淚教訓又回到腦海，數度感嘆如果早一點有這本書該多好。也因此特別推薦讀者，只要你會受到「股權規劃」的影響，一定要仔細研讀這本書，先能自保，再能獲得應有的回報。

最符合中小企業實務經驗的
實例論述

林國全

政治大學法律院教授

世金會計師在從事會計師業務多年後，考入政治大學法學院碩士在職專班就讀。在學期間修習大量的基礎及進階法律課程，其中也包括我講授的公司法及證券交易法。

最後，以精采的「論中小企業兩套帳對公司法制的影響」論文，取得法學碩士學位。而我，很榮幸的就是他碩士論文的指導教授老師。

就讀政大法學碩士專班的執業會計師其實不在少數，但其中較多的是在中大型會計師事務所任職，主要服務對象為適用證券交易法的公開發行公司。而像世金這樣在業務上主要以中小企業為服務對象的，相對較少。

所以，當世金來跟我談他的論文計畫，希望我擔任他的指導老師時，其實我是誠惶誠恐的，因為我以往也較少碰觸中小企業的會計財務相關法律問題研究。抱著教學相長的期待，開始了我跟世金亦師亦友的相處，結果是美好的。

世金這次將他多年執業心得，透過很多例證說明的論述方式，讓外行人能夠很快理解企業財務相關知識，讓內行人心有戚戚焉。當然是一本值得推薦的好書。

從第一章「公司的創價思考」；第二章「公司價格如何決定？」；第三章「無面額股如何解決技術作價、股權分配問題？」；第四章「勞務入股：股權規劃與股權激勵的合法策略」；第五章「從台灣公司兩套帳習慣，看財務控管對股權結構的重要」；到第六章「如何聰明進行股權規劃，讓投資與經營團隊雙贏」，章節銜接有序，論點清晰明確。

但我個人要特別推薦其中第五章：「從台灣公司兩套帳習慣，看財務控管對股權結構的重要」的部份。這一章是世金 155 頁碩士論文的精粹。直搗核心的指出在租稅法憑證主義下，所形成的中小企業兩套帳所引發的種種問題。

其中的種種剖析以及改善建議，是只有世金這樣有多年會計事務執業經驗，又能跨領域從法律觀點切入思考的人，才有可能提出。期待讀者能仔細閱讀，必能有所受益。

幫創業者
整合價值‧創造價值

艾蜜莉（鄭惠方）

惠譽會計師事務所會計師

　　企業之所以存在，是因為它創造了價值，而股權規劃本身，就是一個整合價值的過程。

　　獨木不成林，要開創一番事業，勢必得取得事業發展所需的各項資源，如資金、土地、人才、技術等，但個別利害關係人的私人考量，卻往往與企業整體目標不一致。舉例來說：新創事業需要資金，但金融機構放款首重授信風險，缺乏穩定收入最需要資金的新創事業，反而最難向銀行融資取得資金！新創企業需要招募優秀人才，但員工關注的可能是薪資福利待遇，缺乏與企業一同渡過死亡之谷的意願。

　　透過股權規劃，個人擁有的資源型式從資金、土地、勞務、技術等變成公司股權，是整合各方資源及利益最好的機制。

　　持有公司股權，就持有了事業整體的一部分，不同利害關係人間的利益休戚與共，事業的風險及問題共同面對共同承擔，唯有把餅做大，手中的這張股票才有價值。

　　過去我國《公司法》對於股權規劃相關規定較僵固，但《公司法》於 104 年增訂「閉鎖性股份有限公司」專節後，允許閉鎖性公司發行多元特別股、以勞務出資取得股票等，大幅增加企業股權規劃的彈性。《公司法》於 107 年大修後，再次放寬股權規劃相關限制。

儘管現行法令已可滿足多數公司股權設計的需求，但實務規劃上存在諸多細節或眉角。本書第一章以公司價值要素的角度切入，討論公司資本形成；第二章則是對創業家與投資人均相當重要的公司估值議題；第三章探討無面額股，並分享如何善用無面額股解決非現金出資的稅務爭議；第四章探討的則是最新的出資方式—勞務入股；股權的價值係基於企業營運的成果，若公司財務控管不當、財報失真，可能侵害股東權益，第五章從台灣常見的兩套帳現象，分析對股權的影響。

　　本書涵蓋股權設計實務上的重要概念及操作細節，最後並輔以案例說明，值得企業家們珍藏品讀。

跳過框架但論述精實的公司財務技術

遠景法律事務所律師

　　從研究所專攻公司法和證券交易法開始，對於公司事務始終脫不了「錢」這件事的感受越來越深刻，畢竟絕大多數公司的設立目的都是為了賺錢（近來熱議而帶著部分公益性質的公司則仍相當少數）。

　　但法律人多專注於公司內、外部的權利義務規劃與安排，而往往忽略了公司的財務規劃、稅務考量、人才引進及資產結構。

　　而從事會計、稅務與財務之專家，也常忽略某些自以為聰明的安排，可能已經踩在法律的紅線上。

　　從事律師工作這近二十年來，在訴訟上與訴訟外所處理之爭議，也多以公司相關糾紛為主，由這些實際爭議案件中可知，從公司前期設立、中期成長到後期的繁榮，如不審慎從法律面與財務面仔細規劃與耐心溝通，很容易因為內部股東間之爭執，導致公司衰敗，甚而長久纏訟。

　　可見在衝刺公司業務之外，同時思考法律面與財務面規劃的重要性。

　　承蒙作者莊會計師盛情邀約，甚為榮幸能提前拜讀此書。書中以深入淺出的筆調，同時從財務、稅務及法律面，以眾多例子詳加分析說明，處處是收穫，不禁終日埋首書中，一口氣讀完。

例如書中提到近年來公司法新引進的無面額股制度在財稅實務上帶來什麼樣的影響；一樣的出資實質，在不同的規劃下，可以產生不同的法律與稅務上的效果，都可見作者在法律、財務與稅務之綜合靈活度。

　　此外，本書強調人的重要性，更是適切臺灣的公司型態，要如何拿捏「信任」與「只有信任」間的分寸，及如何處理衍生的相關問題，莊會計師以其豐富的實務經驗與最新且紮實的學理分析，瞭解常見問題之所在，換個跳出框架思考的解決方法，事前預防問題之發生，以免各種錢與人的麻煩。

　　不管是正準備合資創業的人、已經在合資關係中的投資者，或者法律及財會專業人士，本書都值得一讀。

幫創業者減少
無謂損失與風險

我是在我所開的募資簡報課程上認識世金會計師的，在課堂上他分享許多幫助企業做股權規劃的實務經驗，讓我也獲益良多。他有兩個特別之處：

第一，他為了知道更多能幫助他客戶的方式，又唸了政治大學法學院在職碩士班，因此比一般會計師又多出專業的法律知識，可以做出更全面的判斷和建議。

第二，新創公司或尋求更大成長的企業，常會面臨不同於傳統企業的問題，包括股權分配、公司結構等。而世金對於幫助有企圖心的公司解決這些架構問題有很大熱誠，因此也累積了許多寶貴的案例經驗。

我自己身為創業者和募資簡報講師，非常推薦企業主和創業者閱讀這本書，有了這些知識就能減少無謂損失和風險。

例如很多人在簽投資契約、借貸契約等牽涉公司資產結構的合約時，不知道哪些細節會影響日後的稅務或法律責任，造成之後許多規劃困難重重甚至惹上官司。書中講到的許多案例就是很多企業家會碰到的狀況，如果及早知道，就可避免潛在風險和損失。

我讀到書中幾個部分特別有共鳴，也很推薦大家詳讀。書中寫到企業在吸引資金或其他資源時，可以入股的各種方式，包括現金、勞務、技術、財產、債權。大多企業主或新創團隊會以為只有現金、勞務、技術等才能轉換為股份，因此在募資時也以為只有這些工具可以使用，但財產和債權其實也能轉換為股份。了解這些方式，可以幫助自己靈活運用這些工具，保障企業經營者和投資者（包含出資本、勞務和技術者）的權益。

我最喜歡的是書中有很多作者親自操刀的案例，包括新創公司初期的股權規劃，老公司要和其他合作夥伴啟動新產品的公司架構調整，也有股權規劃出錯後的手術調整。了解這些案例可以幫助自己避免重蹈覆轍，也了解有哪些更好的方式可以處理類似狀況。

最後提醒的是，如果您是公司營運團隊的一員，書中的內容可以提醒我們哪些事情要注意，以及哪些工具可使用。但實際上要簽投資契約，或牽涉公司資產結構與營運權的合約，還是得找會計師和律師協助，這種錢千萬別省。否則公司架構出問題常常是很難挽回或成本巨大的！

結合稅務、法律與創業洞見的
股權財務規劃

陳泰明

眾達國際法律事務所資深顧

相識世金兄是起源於扶輪社，當時他是社裡年輕的新血。他在一次社內的演講分享，其會計領域的專業素養令我對他有深一層的認識，更對他實務上協助客戶從事投資的規劃功力留下深刻印象。

邇後因我同時在政大法學院的在職進修專班碩士學程擔任「企業併購專題研究」的講座，赫然發現世金兄亦是在座學生之一。其不以現狀自滿持續進修學習，完備其各方面的專業更是令忝為老師的我汗顏。

這次世金兄以深入淺出的筆法向讀者們分享了公司股權投資方方面面的架構，並抽絲剝繭逐一分析其實際的作法、可能有的效應及運用的技術，甚或創業者及投資者的心理層面、團隊對創業的影響，都有相當精彩的描述與評析，讀起來完全無財務投資專業書籍般艱澀難懂，反倒是順暢無比，無形之中也使人沈浸在書內的氛圍之中，令人想一口氣消化完畢，從此功力大進。

細讀書中每一章節之微言大義，同為提供專業服務客戶之人士，我感受甚深。以我從事企業併購逾廿七年之經驗，協助客戶投資併購不下數百案例，仍覺得讀後收穫頗豐，有心從事投資或創業人士，這更是案上必備參考書。

猶記一次客戶遭逢到了一些投資上會計及股權作價之難題，我當下覺得世金兄應是解決此難題的不二人選。結果也一如預期，客戶果在世金會計師的周詳規劃下，難題迎刃而解。

　　今莊大會計師不藏私，將其橫跨財、會、稅、法深層之功力，加以實務之豐厚實戰經驗，並佐以對創業者、投資人及團隊特性之洞悉，著書與大家分享。我有幸先於各位讀者拜讀其大作，謹此為文報告閱後心得，是以為記。

目錄

第五章 從兩套帳，看財務控管對股權結構的重要

第六章 股權規劃的 7 個建議，讓投資人與創業者雙贏

第七章 掉在地上的權益如何拿來用？股權實戰應用案例

第一章

創業公司的「創價」思考

- 合夥設立公司原則上要出現金,但是出現金的目的不就是為了要買公司營運的各種器具、勞務?能不能跳過現金,用創業所需要的東西來取代金錢作為出資,如何執行?
- 實際做法:勞務出資、技術出資 ... 等等現金以外出資方式。
- 這些方式在法律上該如何訂價?

創業者會遇到什麼問題?

　　Bill 生性熱愛旅遊,在大學畢業後就到世界各地壯遊兩整年,回台後又在國際旅遊平台 Trivago、Booking 工作一陣子,他一直有個夢想,想要讓世界上的人就算很少有出國機會,也能看到他眼中看過的世界。因此花了半年時間籌劃開一間「線上旅行社」,規劃以 AI, AR, VR 技術帶給遊客以雲端旅行的方式,達成參加在地旅行團的體驗。本次適逢全球肺炎疫情,正好順勢創辦,開設『微硬』股份有限公司。

　　依照 Bill 的預算規劃,微硬在初期大約 2 年之內主要進行研發及試營運,需要有 1,000 萬的資金,其中 200 萬要採購資產設備,200 萬規劃向台北線上大學購買技術授權及合作,600 萬規劃一年的員工薪資,100 萬來做營運雜支。

共同創辦人 Apple:提出無償到公司上班,以勞務作為出資換取股份。
台北線上大學:希望以技術之授權作為出資,取得股份。
這時候,除了收取現金出資外,Bill 該如何辦理?

1-1

公司：結合不同資源，創造最大化獲利

1-1-1 從大航海時代，看「公司」如何組成？

15 到 17 世紀的大航海時代，創造了許多的不可能。特別是英國的大航海時代，為了讓船隻到東方的中國，從英國買進西方的物資，送到東方去賣，再從中國買進東方的物資，送到西方去販賣。

要做到這件事情，當時的西方世界創造了許多的不可能。

為什麼這麼說呢？試想看看，當時為了達到這個橫跨半個地球的目的，需要許多的資源，需要錢、人力、船隊，並且需要讓船隊安全的到達目地的。

需要錢買貨物支付花費，及打點路上的一切，於是有了金主出錢。這種投資是以股東出錢投資的方式，才能應付船隊的組成，堪稱是最原始的「投資方式」。

接著，17 世紀原先有的僱用機制，是一種付錢而提供勞力的機制，僱用所需要的船員水手，但由於船員水手會遇到沉船，這些船員要面對需要賣命的風險，為了激勵這些船員，所以創造了員工分潤的機制，於是產生了「勞務入股」的機制。

一個大的船隊，需要船長來指揮船隊，船長專業的航海技術，需要透過教學，來教導整個船隊其他船員的航海技術，因此船長是以技術作為出資標的，於是產生了「技術入股」。

需要船，所以有人提供船，就產生了「財產出資」。

找齊了上面的資源之後，要創造獲利的最後一個條件就是：怎麼樣讓貨物平安的航行於海上，並且安全的到達目的地。雖然很難避免航行的過程中沒有意外，但若是有損失的話，怎麼減少會產生的損失金額呢？

要讓船隊平安的航行於海上，並且安全到達目的地，可能會遇到海難沉船或會遇到海盜。這個時候，有武力保護船隻是很重要的一件事！所以這個合作的模式，發展到極致，國家用武裝軍隊保護船隻的服務，可以作為公司入股的投資標的，因此在 17 世紀就建立了用這種額外勞務作為入股標的的選擇。

1-1-2 集合更多資源，分攤風險，創造最大價值

一個船隊組成不易，怎麼樣讓這樣子的風險最小化呢？

重點會是在「規模」，因為規模越大的船隊，也會互相扶持，更不容易有沉船的事件發生，如果真的某一艘船沉了，透過分攤，大家一起承擔這樣的損失，只是減少了獲利的金額，並不會產生巨額的虧損。

讓這樣的大型船隊遇到意外時，不會由某一個股東負擔這樣子的鉅額虧損，而是透過規模的因素，由全體股東去分攤損失，進而有辦法解決「風險分攤」的問題。

於是在這樣的過程中，透過投資、勞務入股、技術入股、財產出資、規模化，創造出一個健康的商業模式。

> **公司的獲利其實是集中各種不同的資源，甚至是特殊的資源來去達成「最大化獲利」目的。**

對於創業者、投資人，或許首先看到創業的產品、營收，這也沒錯，但這本書要幫你從會計師的角度，從筆者輔導過的各種台灣創業案例，來一起看到「創造價值（創價）」這件事，也包含公司的許多不同的資源整合，而這是創業者、投資者必須知道的。

這本書，不只會讓你深入淺出的了解這些「創造價值（創價）」的技術，而且符合台灣法律的規範，並且從真實案例的分析，要揭開或許你從來沒有想過的創造價值策略（創價策略），幫你撿起公司掉在地上的價值。

1-1-3 用公司當作是平臺投注資源

從大航海時代組成船隊的經驗，傳承到現代，就變成了公司的組成。

這時候也開啟用公司來當作一個平台，然後利用這個平台，由投資人陸續投入不同所需要資源的模式。

利用這種方式來創造獲利的機會，這家最早發明股票的公司，就是荷蘭的東印度公司。

但是這個概念說起來簡單，實際執行時，「股權規劃」卻往往是讓創業者、投資人一個頭兩個大的問題，為什麼呢？

　　因為在做規畫時，要關注細節，又要注重整體財務計畫，策略方向又不能太過偏差。針對財務、法律、稅務、會計及商業模式的整合，是比較困難的工作。

　　另外，每一個資源的投入，都必須對整體計畫是公平的。對每一個投入者來說，每個資源投入的計價也必須是公平的。這樣子整個計畫才有辦法正向的成長，其他的投資人才有意願再繼續投入資源，其他人願意繼續投進這個計劃，才能讓這個計劃能夠越來越大。

　　在接下來的一個章節，我們將初步討論各種不同投入資源的方式。分別是：

1. 現金投資（增資）

2. 勞務作價入股（出資）

3. 技術（作價）入股

4. 財產（作價）入股（或稱為財產抵繳股款）

5. 還有以債作股（或稱為以債權抵繳股款）

　　而這本書後續的章節，還會針對裡面的關鍵細節，進一步用案例進行講解，並提供大家筆者的實戰輔導策略。

1-2

那些你想到、你沒想到的資源，都可以投入公司

1-2-1 最基本的投資模式：現金投資

在大航海時代，需要錢買貨物，需要錢支付花費及打點路上的一切，於是有了投資者出錢。

因此這種投資是以股東出錢投資的方式，以現在的語言來說的話，可以稱為「現金增資」，甚至可以稱是最原始最傳統的投資方式。

由於這是使用現金通貨的方式來增資，所以投資採用這個模式，不會去計算稅務上的所得稅。

1-2-2 從傳統的僱用變成入股：勞務入股

傳統的僱用機制，是顧主付錢而受僱者提供勞力的機制，僱用航行所需要的船員水手，但由於船員水手會遇到沉船，所以船員接受了僱用後，需要面對工作上可能會受傷或喪失生命的風險，因此想要接受聘僱這個工作的人就會變少。

這時候怎麼辦呢？因此老闆提高員工僱用的薪水，或是可以領到額外的獎金分紅，是吸引船員來受僱需要的條件。

提高的薪水，可能是船員受僱時領，或是一段時間後領取，例如月

領。但這樣子付款取得資源的方式，會讓主導者手頭上的錢，在計畫初期就急速的減少。

畢竟錢也是計畫得以成功必要的資源，問題是有沒有辦法讓這筆錢變成計畫確定成功之後再支付？或是領的錢跟計畫所賺到的盈餘掛勾？

因此，為了避免投資者出錢付僱用者，結果創業初期就花掉太多資源，導致計畫開始後手頭上的錢快速的減少，沒辦法去大展手腳。

所以創造了船員（員工）分潤的機制，於是產生了勞務入股的制度。

勞務入股的優點分析

本書會有一個獨立的章節，專門討論勞務入股的技術細節，台灣法律的遊戲規則。但在開頭這邊，我們先談談善用勞務入股可能帶來的優點。

》 勞務入股對員工的好處

勞務入股可以讓員工，以薪水抵投資需要的股金。

領現金薪水的好處是，馬上拿到現金，後續不會有拿不到錢的麻煩事。但是拿到錢後，員工跟僱主就兩不相欠，不會產生什麼樣的關連，勞資關係也比較單純。

而且依現行的法律，勞工領到錢，馬上就可以拍拍屁股離開。雇主發放現金的僱用模式，無法將勞工的產出效果與僱主想要的結論產生實質有效的連結。畢竟我們處在一個民主的社會，人身自由無法用其他的資源來限制，即便雇主跟勞工簽訂僱用合約，勞工願意接受僱主的部分限制。但在這樣子的情況下，勞工如果要違約的話，雇主也不能說不行，只能含淚的接受。這就是現行勞動契約的問題。

現行勞動契約規範的是勞工只管付出工時（直接效果），由僱主監督工作成果（間接效果），僱主常常無法透過監督達成工作的目標，造成工作無效率或員工浪費時間的情況。最大的原因，還是沒有激勵機制與工作結果與企業目的連結的機制，我們必須要思考有沒有其他的連結機制，讓員工和雇主有更長久的關係。

》 勞務入股使受僱者角色轉變成為投資者

勞務入股領股票的員工，領到的是公司的股份。

薪水對員工來說相較於領現金，員工沒有拿到有形的東西，對員工來說可能比較沒有安全感，但是員工領到的卻是未來的分潤。

換句話說，員工已經從資源領取者變成投資者的角色。若未來投資的計畫多賺錢，員工也有辦法享受到多分潤的額外收益。

其實對雇主來說，應該要創造員工可以領得到股票的機會。

» 創造員工可以一起承擔責任的環境

如果是領股票的員工，由於可以得到額外的分潤，員工通常比較願意幫雇主承擔一些額外的工作責任。這跟拿現金的員工是不一樣的。

而且領股票的員工，股票的價值會隨著募資的腳步而波動，當募資的每股價格，往上拉的時候，當然手頭上持有股票的價格，也相對應往上拉，所以股票的價值增多，員工就有辦法保留公司價值上昇的成果。

如果是領現金的員工，因為領到了現金，入袋為安，價值就鎖定了，就沒有這樣漲價的效果出現。

» 股權激勵及留才計畫

加上領股票的員工可以實行股權激勵的計劃，以及留才的計畫。

例如，達到什麼樣的年度目標，就給員工多少的股份，藉以激勵員工，企業就可以設定年度目標，讓員工努力達成，能夠盡可能的達成年度目標，以利於公司創造價值的活動。

另外就是股權還可以做留才計畫。例如，選擇高階員工，每個人每個月都多領 2 萬元，第一個 1 萬元會在 12 個月可以領到股票，第 2 個 1 萬元，會在 24 個月領到股票，如果員工想要離職的話，

員工會想損失股票金額會是多少，藉由創造心理上的損失感覺，來製造留才的機會。

» 員工勞務（乾股）領取計畫

有人會認為讓員工領乾股不是一件好事，因為領乾股，員工並沒有付出相對應的報酬，員工卻又多領股票，讓員工產生有不勞而獲的感覺。那是因為領股票的計畫沒有跟績效掛鉤的關係。

如果員工越努力工作，該名員工績效越好的話，領的股票越多，那公司一定很開心，因為績效越好的公司獲利鐵定更好。

我們會認為領股票可以激勵員工，讓員工產生想要多拿到報酬的想法，及肯付出的企圖心，如果跟公司的獲利掛勾的話，未嘗不是一件好事。

況且在員工的心目中，領股票跟領錢大不相同，員工也不是從口袋裡面錢出來買股票，而是直接透過公司少發的薪水來換成股票(乾股)，員工雖然會有所得稅的問題，雖然如此員工還是會覺得公司是比較善待他的。

實務經驗上，沒有領過股票的員工，都會很怕領股票。因為沒有拿到手上的東西，很怕被雇主取消權利，領到錢比較實在，此類的員工比較保守，不願意改變，比較沒有競爭力也比較沒有冒險犯難及對困難挑戰的精神。

反而有領過股票的員工，更愛領股票。當知道自己的股票財產，會隨著公司的發展隨著股價上升，而使自己的身價越來越上升，反而會試著找有擴張潛力，能夠發股票的公司來工作。此類的員工會養成積極的態度，充滿正面的能量面對挑戰及困難，有冒險犯難對困難挑戰的精神，努力學習往上爬，培養並創造自己的競爭力。因此發股票的公司，更能爭取到更有競爭力的員工，形成一種員工間良性競爭，對公司有正面效果的正向循環。對整體經濟來說，更多勇於冒險犯難的國民，才能根本上增加國家的經濟活力，透過冒險犯難的創新，才能增加經濟上的活水。

員工領公司的股票，公司現有的資源並不會減少，但一定要注意獲利有沒有跟著股權膨脹而長大，才是比較重要的想法。

» 勞務入股對主導者的風險考量

勞務入股對主導者來說，將員工領取的從現在拿酬勞，變成未來跟股東一起計算分潤拿報酬是重要的。

若是員工工作的目的，是立即領取固定金額報酬，工作完成後既已領到薪水拍拍屁股走人，員工需求已滿足，員工對未來成功或失敗就不會太關心，造成員工與主導者目標不一致的問題。讓員工先領薪水也會造成資源的短缺，讓主導者更容易失敗，造成主導者經營事業的風險上升。

若是讓員工現在領少一點，未來領取必須端視這個計畫是成功

還是失敗，來決定領取的金額，若是成功就會領到更高的報酬。員工現在少拿，成功可以多拿，讓資源的調度更有彈性。會讓員工的工作目標與公司的發票目標達成一致，讓公司更容易成功，主導者的失敗風險也可以下降。

> **對主導者來說，讓提供勞務產出的員工，知道努力工作的方向，將工作的成果與公司整體計畫的成敗掛勾，是件重要的事。**

從公司現金資源的先消耗 (員工領固定薪水)，變成資源先保留不消耗 (員工領股票)，等到計畫成功後大家依投資比例分潤，可以降低企業營運計畫失敗的風險及不確定性。

計畫成功後大家分潤，相較於員工先領薪資，對主導者來說前者比較沒有壓力，即便是計畫成功、目標達成，分潤的金額比先領薪資的方式還多，對主導者來說分潤的壓力還是較低，又可以讓成功較容易，這些都比員工先領薪資還要好。

1-2-3 船長的航海技術有什麼價值：技術入股

在大航海時代，需要船長來指揮船隊，船長專業的航海技術，需要透過經驗傳遞及教學，教導整個船隊航海技術。船長，是這個船隊的技術領導人物，因此船長是以技術作為出資標的，於是產生了技術入股。

前面說的勞務入股，和這裡的技術入股，有什麼區別呢？

技術入股與勞務入股最大的不同，在於技術可以獨立於人而存在，能夠被技術移轉。但勞務無法獨立於人而存在。

換句話說，若整個船隊經過船長的教導，學會了航海技術，就不需要船長了，那麼這個是技術，不是勞務。若整個船隊經過船長的帶領教導，仍會需要船長的帶領，才能讓整個船隊運作的更順利，那這個航海技術只能是不可被移轉的勞務。

在現代公司中，「技術入股」也是創造公司價值的重要一環，但也要避免技術入股可能導致的稅務問題，本書會有一個專門的章節，用實際案例跟大家分析。

1-2-4 有形、無形商品的出資：財產出資

需要船，所以有人提供船，就產生了財產出資。甚至於如果有需要的貨物，可以運到東方販賣的物資，也是可以當作財產出資的標的。

> *這裡所謂的財產出資，對我們來講關鍵的問題在於，有時候可能是法律上無法認定的財產，或是財務會計上無法辨認的財產，如何讓他們也成為公司價值的一部分？*

　　曾經看過一個案例，公司有一個很值錢的專屬授權合約（例如是徐懷鈺的二十年期專屬經紀合約），公司在很久以前，很認真的去簽下這樣的專屬授權合約，後來另外一家公司看上了這樣子的專屬授權合約，於是花了很大一筆錢，併購了這一家公司。

　　併購之後，傷腦筋的卻是會計師，因為會計師無法辨識這樣的專屬授權合約的價值，於是將這資源辨認並分配到商譽裡面。

　　後來在公司的極力爭取下，透過後續的舉證，才把商譽改辨認成專屬合約的無形資產。

　　本書也會有許多篇章，討論如何把這樣的無形資產，變成公司價值的一部分。

1-2-5 用股票交換不同資源創造價值

找齊了上面的資源之後，要創造獲利最後一個條件就是，怎麼樣讓貨物平安的航行於海上，並且安全的到達目的地。並且航行的過程中若是有損失的話，怎麼減少產生的損失金額。

前面也提到這樣的例子，要讓船隊平安的航行於海上並且安全到達目的地，可能會遇到海難沉船或會遇到海盜。這個時候有武力保護船隻是很重要的一件事，所以這個合作的模式，發展到極致，可能連國家用武裝軍隊保護船隻，提供這樣的功能的服務資源，是可以作為公司入股的投資標的，因此國家也可以提供武力保護船隊的服務，用國家提供的勞務，作價入股達到分潤的目標。

透過股票的價值交換，可以換到各種資源。有些資源是無法買賣的，但是卻可以拿來做交換。

例如上例，用國家的軍隊武力來保護船隻貿易的安全。有些資源是財務上不認列的資源，換句話說，可能是法律上或財務報表上無法認列為資產的資源，例如自行研發的軟體，還有公司創建的銷售通路。

> **創業家都必需要去「辨認」資源，並取得資源，並且拿來使用，並為公司創造最大價值。**

所以創業應該用「創造價值（創價）」的思維，用不同的工具，例如上述用勞務出資的方式，以達到整合利用國家武力資源的目地，大航海時代就是整合國家資源創造獲利最好的例子。

讓股票交換等同於使用現金

透過股權交換來換取資源進到公司組織，某種程度來說也是一種複雜交易的簡化。

例如公司用股票換到一棟房子，公司也可以找到投資者，投資一棟房子的錢，公司拿到錢發股票給投資者後，再拿著投資者的錢，去付錢跟房屋土地的所有權人買到不動產。

若投資者就是不動產的所有權人，那可不可以簡化上述的程序呢？ 至少不用先付投資的錢，再賣房子將錢拿回來。

這時候，透過「以債作股」的模式，在不動產所有權人同意的前提下，我們可以讓不動產所有權人直接變成股東。

在這個想法下，股票就等同於現金，可以換入所有的資源了。

當然這樣子想法的核心概念是，您公司股票是不是有價值呢？有價值才有交換的機會，股票的價值會因為公司未來的獲利，而去決定股票的價值。

1-3

擴大規模，你需要的作價思考

1-3-1 規模化，可以幫你分攤風險

在東西方貿易的大環境下，如果主導者預想貿易只有一艘船的規模，若是不小心碰到礁石，船就沉了。

若是遇到被海盜搶劫，股東們就沒有利潤可以分潤，船員們還要配合海盜的要求，否則船員還會有人身安全的問題。

怎麼樣讓這樣子的風險最小化？重點會是在規模。

因為規模越大的船隊，會互相扶持，更不容易有沉船的事件發生。如果真的碰到礁石讓某一艘船沉了，其他船隻會知道礁石的確切位置，其他船隻就可以避開礁石。

透過風險分攤，大家一起承擔這樣的損失，只是減少了獲利的金額，並不會產生巨額的虧損。

如果是讓單一股東，自己負擔某一個投資標的的虧損，當然也可能不會虧損，但是一旦出現意外，虧損就很巨大。這樣子對那個股東來說，獲利的變動太大，無法預期，而且獲取利益的風險也太大。

因此最好的模式，並不是由某一個股東負擔會發生巨額虧損的風險。而是透過增加規模的方式，由全體股東共同去分攤損失，進而有辦法解決風險分攤的問題，這樣也是一個健康的商業模式。

1-3-2 如何確認公司要不要再擴大投資規模？

前面有聊到，投入的資源必須要站在公平的角度，不論是對其他的投資人來說，或是對整體計畫來說，都必須要公平。

問題是公司的擴增，也不見得是永無止境的擴大規模。最簡單的做法是，看看整個公司的「獲利狀況」與公司的「淨值」狀況。

如果今年一個公司賺的每股盈餘(EPS, Earning Per Share) 是 2 元，本年度找到了一些投資人投資公司，結果規模擴大了之後，當年度結算出來的每股盈餘 (EPS)，如果是賺到 3 元 (比 2 元多)，那股東應該會很開心。因為擴增規模之後，新增加的投資人，除了自己的投資能夠賺到足夠的每股盈餘 (EPS)2 元以外，更因為規模增加之後，組織運作的更有效率，新增加的投資在財務上賺了更多的錢 (EPS 比 2 元多 1 元)。

這樣子用新股東的投資款，讓新舊股東都能一直賺錢，用新股東的錢去幫大家賺更多的錢。這就是健康的擴大規模，一起賺錢是會有整體效益的。

反之，如果投資人投資之後擴大了規模，但是 EPS 卻直線地下滑，那這樣或許股東會覺得，我們幹嘛要擴大規模，越擴越大會不會獲利就越少，變成舊股東去補貼新股東的狀況。因為這樣看起來，新的投資並沒有那麼有效益。

1-3-3 作價思考：整合不同資源，獲取最大利益

> *一個好的商業計畫，其實是集中各種不同的資源，甚至是特殊的資源，去達成獲利目的。*

這樣的計畫，錢只是基本的，但不是只有錢才是唯一的資源。

問題在於，創業公司想要整合資源實，有些資源，能夠被合法的判別定義，產生法律上可以被認定的資產。有些資源卻無法被定義，進而沒辦法產生法律上的權利。

無法產生法律上的權利的資源，例如通路這個概念。在台灣的便利商店，必須要有物流配送的系統，問題是組合成這些物流配送的系統，有軟體、有硬體、也有人力，像是一間店可能需要一箱的牛奶、兩罐的飲料，另外一家店可能需要兩罐的牛奶、一箱的飲料。如何將對的資源，透過運送的系統，運到對的銷售點？這就是很重要的一個問題。

因此從這個角度來看，可以解決上述問題的「物流配送系統」，是一個很重要的商業資源。

問題是，自行發展這樣子的物流配送系統，並無法在財務報表上被「資本化」！也就是說，我們雖然有這樣子的物流配送系統，但是財

務報表上無法顯示出物流配送系統的「價值」，因為法律上也很難認定得出這樣子的價值是多少。

但這只是現在法律制度的缺陷，導致我們無法評估出它的價值，進而在財報上認定資源合理的價值。但物流系統的所有權卻是存在的，只是物流系統需要的維護與運作，是人跟系統的搭配。

問題是這一些資源的投入，無論法律上能不能被認定，這些資源能否被平等的放到一個平台，並且能夠公平的被計價，其實是一件很重要的事。筆者會根據實際輔導的案例，透過公司組織的平台概念，與股權規畫的規則脈絡，讓不同的資源，透過獲利的能力高低，能夠被評估出相對應的價值。

因此，本書要談論的一大核心，就是幫助創業者、投資人能夠解決上述整合資源、最大化作價的問題。

筆者會根據實際輔導的案例，分析出類似平台概念，讓不同的資源，透過獲利的能力高低，能夠被評估出相對應的價值。

> 利用「股權」這樣子的機制，可以透過分潤，有效的讓投資人「分配未來的獲利」，也可以把「各種資源」丟進來作價。

1-4

以債作股：讓更多有價值資源可以作價

上一篇我們提到了一個核心問題，為了擴大公司規模，我需要把公司各種資源投入作價，為了讓有價值的資源，可以被列入公司做為估值的考量，資產投入公司的概念是重要的，而「以債作股」就是其中最核心的想法。

1-4-1 如何在知識經濟時代定義公司股權價值？

近數百年來，人類經濟從工業革命時代，到現在已經進入了知識經濟時代，現在仍在知識經濟時代下的共享經濟時代。以前工業革命的時代，享有蒸氣推動的機器設備，到電力推動的設備，在短期間內能夠創造出最大的產品量產，那就是工業革命時代致富的方式。

而到了知識經濟時代，現在則是掌握知識，並使知識能夠創造出最大的價值，才是在知識經濟時代致富的方式。

問題是，知識如何定義價值？

這是一種人類變遷的方式，我們這一個時代，混合著活在不同年代的人。有些人經歷過更早期的農業時代，有些人經歷過工業革命的時代，現在的年輕人沒有這麼多經歷，只能認知並體會到現在知識經濟時代如何運作。

但是，我們的法律，特別是公司法，立法的精神還是在工業革命那個年代形成的，所以法律上的價值論述，還是停留在「生產多少產品

才能創造價值」的年代。現在已經是知識經濟時代了：「有多少知識能創造出多少價值」，才是這個世界關心的問題，問題是工業時代的法律根本不重視這個世代創造價值的需求。

舉例來說，公司法禁止勞務入股，就是一個很好的例子。在工業時代創造價值的方式，是能多快速製造更多數量的產品，才是一種能創造價值的方式。在探討公司法的禁止勞務入股，就是因為大家能夠接受的只是工業時代的創造價值方式，而無法接受知識經濟時代的創造價值方式，如此而已。

故立法者不認為勞務可以入股，甚至於認為勞務入股或許會損害債權人及股東的權益，進而禁止勞務入股。

問題是，在現行法律下，勞務真的不能做為增資的標的嗎？ 其實2001 年（民國 90 年）的公司法大修，早就解決了這個問題了，早就讓勞務可以作為增資的標的了，只是法律上的名稱叫「以債作股」，不叫勞務入股。

我們可以透過以債作股的方式，迂迴而讓公司法的禁止勞務入股被實現（如下圖）。

透過實質上可以勞務入股的方式，我們也可以進一步討論，公司的股權激勵方式，用股份換取員工認真努力打併的企圖心。

　　以下將進一步介紹如何處理以債作股的應用。

1-4-2 債務也可能是價值？如何變成價值！

　　讓我們進一步的來聊聊「以債作股」這一種增資工具。

　　假設我們有兩家公司，兩家的資產總額都是 100 萬元，第一家 A 公司，80 萬元是負債，20 萬元是淨值。第二家 B 公司，20 萬元是負債，80 萬元是淨值。

　　如果簡單以財務報表的型態顯示出來會是如下圖所示，左方是資產，右方是負債跟淨值（淨值亦稱為股東權益）。

　　討論這個的原因，其實是要讓讀者比較一下，你覺得哪一家的財務狀況是比較好的呢？

公司A資產負債表

公司B資產負債表

大部分的讀者會認為，B 公司財務狀況是比較好的。為什麼大部分的讀者會這麼認為呢？因為「債」跟「股」的運作方式，是不一樣的。

如果是債的話，借款人應該要還本付息，還本的本金及利息是固定的。換句話說「債權人」不會去承擔借款人的營運風險。

但是如果是股的話，「投資人」投資的是這間公司，就會跟其他的股東，一起來承受這間公司的營運風險。如果是投資，不能像債權那樣返還本金，而且分配的盈餘，也是不固定的。

如果是投資，拿到的股份，最終結果可能比本金多，也有可能比本金少，端看這個投資計畫有沒有有效達成獲利，股東決定要不要分紅分多少而定。換句話說如果是股份的話，是會承擔營運的風險，而且投資人的報酬不見得是固定的。

但是由於是股份，公司不用返還，所以公司不用考慮負擔返還股份的壓力。換句話說，我們都會認為債務比較大的公司，財務狀況就會被認為比較不好，但對財務報表的定義來說，借款與股東權益，都是外人投入的資源。借款是債權人投入的資源，股東權益是股東投入的資源，前者要還，後者不用還，只是資源運用的條件不同而已。

項目	借錢還錢	投資股權
模式	借錢還錢，還本付息	不還本只領股利
風險	不承受風險，風險固定	承受風險較大

但是，讓我們想想下面這樣的運作角度。

民國 90 年公司法大修的時候，為了要讓公司的財務狀況，能夠比較好一點且有改善的空間，所以開放了「以債作股」的方式（又稱為債權抵繳股款）。

換句話說，如果 A 公司的 80 萬元債權人，願意當作 A 公司的股東，這個時候 A 公司就可以把這 80 萬元的債權，當作抵繳股本的標的。80 萬元的債權，抵繳後作為 A 公司的股本 80 萬元。

≡ **NOTE**

有限公司適用公司法第 99-1 條：股東之出資除現金外，得以對公司所有之貨幣債權、公司事業所需之財產或技術抵充之。

股份有限公司適用公司法第 156 條第 4 項：股東之出資，除現金外，得以對公司所有之貨幣債權、公司事業所需之財產或技術抵充之；其抵充之數額需經董事會決議。

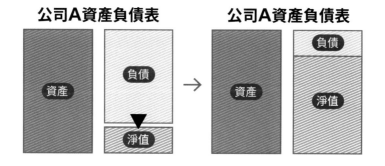

1-4-3 債權如何發生？以債作股模式詳解

「以債作股」，是本書要用各種案例解析的一個核心策略，在這裡，筆者先來詳細解釋，怎麼利用這樣子的以債作股模式呢？

首先要瞭解到怎麼生成債權債務。

首先債是一種欠別人的錢的行為。所以借貸可以產生債權債務。我借你錢，我就是債權人，你跟我借錢，你就是債務人。債權債務是相對的。

假如公司的借款清償期屆至，需要還錢還本金，這個時候，公司如果面臨沒有錢還款的困境時，怎麼辦呢？

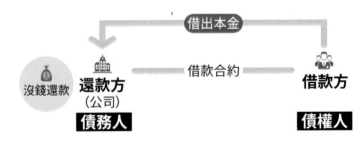

這個時候，由於公司沒有錢還款，最好的方式，是找一個投資人 A，投資一些錢進公司，進了公司之後，公司發行股份給投資人 A，完成這一段的投資關係，公司 B 再將拿到的股款作為償還 C 的還款來源。

　　那麼，有沒有可能 C 的借款方，願意當作 A 投資方的角色（此時 C 借款方與 A 投資方為同一人），如果可以的話，上面的圖會變成以下的狀況。

換句話說，我們可不可以將圖簡化成以下的法律關係，讓你的借款方，同時成為你的投資方。

以上的法律關係，可以試著被理解為，公司發行股份來償還公司的欠債。

在這個法律關係中，其實公司發行股份可以拿到投資人的投資款，所以發行股份是等同於金錢的。所以拿等同於金錢的股份，當作償還本借款的對價，藉股份來償還 C 借款方的本金，達到以股份換取借款債權的目的。

讓股份發揮最大的效果，讓股份可以等同於金錢換取公司所需要的財產。

1-4-4 活用以債作股，把服務變成股份

再來，我幫你提供一個服務，大家講好這個服務的價錢是多少，做完了這個服務之後，如果你沒有付我錢，相對的你就是欠我一個債。

你欠我的這個債的價錢，就是我們當初講好的服務的價錢，也就是這個債的價值值多少錢。

透過提供服務的契約，我們可以運作出將勞務服務轉成股份的形式，原理同上面借款服務型態（公司）。

先由 C 服務提供方，提供服務給 B 服務接受方，即公司方，B 的公司即需要付款予 C 服務提供方，形成債之關係。

為了還清債務，再由 B 公司方發行新股予 A 投資方，取得 A 投資方的現金，再將現金償還予 C 服務提供方。這時候如果 C 服務提供方願意當作 A 投資方（此時 C 服務提供方與 A 投資方為同一人），公司就可以以債作股，籍由發行新股償還 C 的欠債。

公司法第 156 條的規定：「股東之出資，除現金外，得以對公司所

有之貨幣債權、公司事業所需之財產或技術抵充之。」抵充出資的標的裡面，並沒有包括勞務增資，所以在現行的公司法，是禁止勞務增資的方式，也就是勞務無法透過公司法的法條直接變成股份。

　　但若是更了解作價思維的話，其實可以讓原本勞務直接變成股的方式，拆解成「勞務」繞著彎變成「債」，再由債變成股。在台灣的公司法有法條可以遵循，也就是有法條可以走得通了！

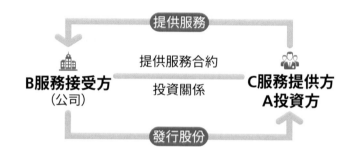

1-4-5 活用以債作股，把資產變成股份

再講解一種情況，如果我賣你一個東西，大家講好多少錢，我把東西交付給你了，可是你可能還沒有付我錢，在這個時候你就是欠我一筆錢，這就是一個債之關係，等你付清了這一筆錢之後，我們的債之關係才是消滅的。

透過買賣資產，我們也可以創造出股權的概念，利用現行的公司法，將東西由 C 賣方賣給 B 資產買方，也就是公司方，再由公司方發行新股予 A 投資方，且 C 資產賣方願意當 A 投資方的角色（C 資產賣方與 A 投資方為同一人），我們就可以完成這樣子的「用資產」增資程序。

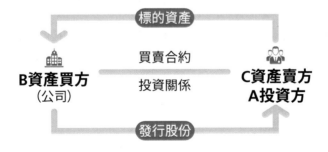

常見的債之關係的發生，要不然借錢，要不然就提供一個服務，要不然就賣一個東西，大概這 3 種是實務上比較常見的。

1-5

以債作股在台灣的實務實踐作法

如果你懂得債是怎麼生成的，你也懂得拿著債權轉換為股本。那你就會懂得怎麼透過債權轉換來創造股本。特別是透過以債作股的方式，把股本創造出來。

以下將說明需要提供何種文件，來通過台灣的登記機關審核。

1-5-1 借貸增資的模式

如果是第一種借貸的模式，送給官方審核的文件，就是「借款的合約」，以證明整個交易的價金及交易的條件，還有當初借款的錢，打到對方戶頭的金流等等。

當然，欠債還錢天經地義，這個時候債就已經被證明了，對方公司就可以發行股票，代替還款的金流，所以債權人必須同意拿到股票，以代替還款的現金，只要提供「債權人同意的文件」，就可以完成這一次借貸增資的以債作股。

在實務上，這樣的例子其實頗為常見。

例如：「有錢人」是一家公司的股東，公司設立時註冊 100 萬資本額，這家公司生意不錯，但是因為「供應商需要先付款訂貨」，或是存一筆保證金押在供應商那兒，讓供應商可以安心出貨。

所以公司一開始就跟股東「有錢人」借了 500 萬當保證金，未料到生意做的越來越大，因為進貨量大的關係，保證金一路從 500 萬變成 5,000 萬，公司只能再跟股東「有錢人」借款。

沒想到，現在公司打算跟銀行融資，銀行以公司「負債過高」（5,000 萬的股東往來借款）為由拒絕，請問有何方法可以解決這個問題呢？

這個問題的解決辦法之一，就是如果股東「有錢人」同意的話，借出的款項可以用上面借貸增資的模式，公司發行股票償還對股東「有錢人」的欠款。借款增資之後，公司的淨值就增加 5,000 萬元，同時負債也減少 5,000 萬元，公司的財務狀況可以立即大幅度的改善。

1-5-2 服務增資的模式

如果是前述提到的提供服務模式，送給官方審核的文件，就是提供「服務的合約」，以證明整個交易的價金還有交易的條件，還有提供服務的完成證明（或是驗收證明）。

這時候已經有提供服務，所產生的債，必須要被清償。這時候只要債權人願意簽署「同意以股票抵償」，服務所產生的欠款債權，只要

提供債權人同意的文件，就可以完成這一次借款增資的以債作股。

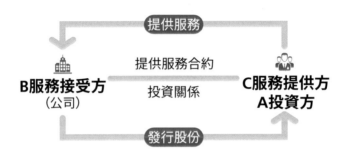

例如：公司欲上市櫃，邀請經驗豐富且學有專精的「專業人」，幫忙提供上市櫃公開發行前期準備的輔導服務。因為「專業人」提供的服務太有價值，該價值值新台幣 3,000 萬元，該公司是小公司，每月營收的現金收入雖可以支付這筆錢，但若支付可能會有周轉不靈的問題，該公司想要再找股東投資，用投資款來支付這筆款項，不知道可不可行。

其實直接用以債作股的方式，公司可先與「專業人」簽訂服務合約，「專業人」再依約履行相關的服務，獲取合約約定的報酬，若「專業人」同意拿到公司的股份，直接用這些文件送件即可（合約 + 服務完成證明 + 勞務提供人願意以報酬折抵股份同意書）。

就可以完成：勞務的債權 + 以債作股，迂迴完成勞務入股的效果。

當然「專業人」可能需要做一下稅務的規畫，看是用個人名義來完成這個服務，還是需要用公司組織來領取這個報酬，後面章節會有相關的解釋及說明。

值得注意的是通常股份有限公司公開發行後，增資皆以現金為原則，只有非公開發行公司不受以現金增資為原則的限制。

1-5-3 財產增資的模式

如果是提供產品的模式，送給經濟部驗資審核的文件，就是提供「產品的訂單或合約」，以證明整個交易的價金還有交易的條件，還有提供完產品的驗收證明，這時候已經有提供完產品，此時交易產生的債權就已存在已發生。。

這時候只要債權人願意簽署「同意以股票抵償產品出售所產生的欠款債權」，只要提供債權人同意的文件，也就可以採用以債作股完成這一次增資。

例如：公司打算花一大筆錢買一間工廠來建立生產線，用以製作已經開發的新產品。公司找到並看上了一間價值一億元的工廠，擬作為建立產線的工廠。該不動產的所有權人「田喬仔」願意賣工廠給公司，另外所有權人「田喬仔」見公司獲利不錯，未來股利或分紅鐵定很可觀，故願意當公司的股東。

公司是否需要再找投資人投資一億元之後，再付錢給不動產所有權人「田喬仔」，請「田喬仔」拿到錢之後，再投資公司當作股東呢？

錢放到別人的口袋，不見得會按照計畫被執行，「田喬仔」會不會拿到賣不動產的錢就變掛了呢？，若公司覺得買廠房的計畫是必然要執行的，何不讓所有權人「田喬仔」直接跟公司簽訂投資協議（此處的投資協議，效力等同買賣不動產合約 + 以賣價價金轉為公司持股的協議），訂明不動產價格，並且待不動產過戶後，直接發給股份呢？

這時候只要再將上列文件：「投資協議 + 不動產過戶後權狀 + 賣方價金領取股票的同意書」，提供給商業處，就可以直接以：「購買不動產 + 以債作股」，迂迴達成資產作價的目的。

1-6

資產創價的思考，
如何反應公司真實價值？

1-6-1 為什麼需要資產創價的思考？

法律的規定，是為了解決人類社會運作的問題。

財務會計的運作，是為了解決資源進出，及交換資源等計量及計價的問題。

創業家的存在，是為了了解既有的規定下，有什麼是可變的要素，什麼是不可變的要素，進而解決問題，並透過解決問題創造價值。

所以我們稱這個解決問題並創造價值的思考方式，為「創價思考」。

法律與會計都是現行的社會制度，存在的目的是為了解決某種的問題，問題是站在創造價值的角度，如何去創造價值？

特別是資產的認列，特別在會計原則及法律方面有些缺點，如何透過辨識出問題，以解決問題，以下將會討論創價思考如何解決資產創價的問題。（本節所稱資產，指廣義的資源，包括上述的動產、不動產、薪資及勞務等等。）

1-6-2 透過交易安排來反應資產價值

聰明的讀者其實不難看到，上面的幾種模式，有個小小的差別，一個是無形的服務，一個是有形的產品。

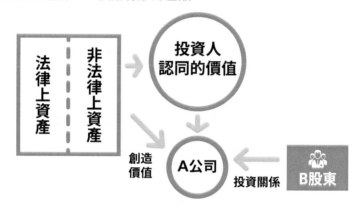

> **所以任何法律上可以承認的資產，或不是法律上可以承認的資產，都可以利用這個方式，創造出可以被作價的資產價值，並放到公司裡面，被當做一個可衡量的資產被利用。**

大部分被創造的價值，通常是以一種獲利的形式出現，問題是獲利常常是企業運作，交易產生後，也收錢了，「事後」結算才會出現的數據。問題是能不能透過股權的力量，讓這件事變成「事前」投資人

可以認定的價值？這個時候，由於是有買賣的對價，不是自己製作的資產，會計準則對這方面的認定，就會有很大的差別。「有買賣的對價」，是可以被認定為有價值的資產。

舉一個我們在會計學常常被拿來討論的例子，軟體的自行製作跟向外購買，軟體如果是自行製作，那需要的可能是電腦、人力跟支付出去的一些相關的雜支。

但問題來了，自行製作的軟體其實無法被資本化，無法放在財務報表裡面當作資產，換句話說，這個價值是隱含在企業內部，無法透過重估作成資產，依現在的估價技術，無法變成有形的資產，無法被投資人看到。。

如果資產自行製作，與資產從外部購入，兩者是不同的概念，買進來的資產就有價值，有交易的價值，就可以被放到報表裡面，認定成那個交易的價值。

所以如果你買的是一個通路，就可以透過上述的方法，把通路資本化，只是這個通路資產，可能不是叫通路資產，而是叫做其他的名字，例如是無形資產，或是技術，或有可能無法辨認而被認為是商譽。會計學與法律都有各自的範圍，而且也都有極限。這個認定資產價值的方法，可能是現行會計準則跟法律，可以創價的極限了。

資產創價的思考，是要解決現行法律與會計極限的問題。

創價思考的主要概念，是試圖透過買賣等交易的方式，將現行法律

與會計無法辨認與認列的財產價值，試圖反應在公司的報表上。何時需要資產創價，就看公司的需求來決定。

資產創價的優點，可以反應資產相對的價值在公司資本上。

例如自行製作的軟體，無法將價值反應在財務報表上。若是透過子公司開發軟體再賣回給母公司，或委託其他公司開發軟體的方法，透過買賣的方式，就可以將價值反應在報表上，也可以讓公司反應出適當的價值。

缺點當然就是優點的反面，傳統的會計原則是希望能夠保守，透過上面創價的思考，會讓資產價值能夠充份反應，缺點也會讓報表比較沒有這麼保守，但相對應的財務報表也會反應出真實的價值。

另外反應價值後，會不會過度膨脹呢？由於反應價值後，也會相對應的課稅，因為要繳稅的因素，可以抑制價值的過度膨脹，而不致於過度。

1-7

步上知識經濟時代，
有些法律制度還在工廠時代

現在的知識經濟時代下，大家或許會覺得知識，比其他有形體看得到的東西還要值錢。

問題是我們現行的法律，並不是在知識經濟時代下創造出來的，所以我們的一些法律，其實還停留在工廠的時代，要看到「有形東西」才會有價值的認定，如果沒有看到有形的東西，都會認為這個是沒有價值的。

這個跟現在的知識經濟時代下的觀念是有一點衝突的，而這也讓許多創業公司，本身的價值沒辦法被更好的估算。

1-7-1 增資的代價：稅務概念

就每一種增資的稅務概念來討論，當然現金出資，是不用課稅的，因為現金是我們現在的通貨。貨幣本身，換成任何一種資源，都不需要被課稅。

但這樣子的假設，只有在當地國的貨幣，在當地消費，才有辦法被接受成當地通貨不課稅。

例如在台灣，如果拿美金去買東西，嚴格的說起來美金是一種資產的地位，美金必須被處分之後，處分的價值才拿來換東西，換句話說，

美金在台灣並不是通貨，所以美金被處分，那就必須計算美金的買入賣出所得稅。

所以不是拿當地國的貨幣，來消費的話，就會有資產處分，應該計算稅務問題。

這樣子的思考方式，在公司組織的課稅計算上，是非常明顯的假設。反之在個人（自然人）的課稅計算上，比較不會被考慮。

買東西後，再賣東西，因為完成一買一賣後，就要課所得稅，若單純只有買的交易，買入的東西還沒有被換價成功，所以不計算所得稅的課稅價值。

如果用資產交換的觀點來看的話，先有一個賣東西的交易行為，換來的債權債務，才會有辦法去換另一個東西（買東西的概念）。

賣東西的交易行為，前面會有一個買的交易，故需要被課所得稅，買的東西因為還沒有完成賣的交易，所以買的部分不用討論所得稅。

若是買或賣本身會有銷售稅的問題。台灣稱為營業稅，針對公司組織開發票的金額加上 5% 的稅額。

賣東西產生了債權，去抵換買東西產生的債務，本身則不需要討論課稅問題。所以資產交換本身只需要看賣的那一段課稅的問題。

1-7-2 價格的決定機制

如果以傳統的財產抵繳股款為例。投資人提供一個財產，給公司抵繳股款。在現行的公司法的假設之下，我們必須先確立這個財產的交易價格，所以公司法就規定，我們必須要這個財產「拿去鑑價」。

用鑑價報告的價格，作為董事會參考財產抵繳股款的價格，做為財產抵繳股款金額的依據，用這樣子的第三方報告數據，來當作財產抵繳股款的入股金額。

在這邊有兩個點需要被說明。

第一個點，財產一被交換，這個財產並不是通貨的角色，所以財產拿來抵繳的時候，其實就是賣出。既然有賣出的話，那就必須考量買入的金額，計算這個財產交易所得稅。甚至於有賣出的行為，可能必需要考慮開發票加上 5% 營業稅的問題。

第二個點，如果是財產抵繳股款的話，我們必須讓第三方的數據，來做為交易的參考價格，進而讓董事會去決定這樣子的交易價格，作為入股的依據。

這樣子的思考，其實是很奇怪的一件事。身為創業者，為什麼我沒有辦法在提供資產的當下，就決定財產抵繳股款一股多少錢？還要等到第三方的鑑價報告出來之後，才有辦法依據這個鑑價報告，來做為決定抵繳股款一股多少錢的數據？

> **做一個交易，應該是你情我願，而且由你我來訂定這個價格，怎麼會是變成由第三方，來決定這個價格的參考依據？**

當初公司法在立法的時候，其實是想要避免這個財產被高估，避免產生掏空公司資產的情況。

公司法的立法者，其實是不想要讓公司有被掏空的情況，所以才會用第三方，來做為價格的參考依據。在防弊重於興利的思考前提下，才會產生這樣子的價格決定方式。

但是，在知識經濟時代下，很多無形的資產，第三方也難以鑑價，我們有沒有辦法來導正這樣子的方式呢？變成你情我願，用雙方都同意的交易價格，作為無形資產抵繳股款的依據。

1-7-3 鑑價報告的第三方價格

實務上需要鑑價報告，其實對中小企業是多一個負擔。

要找到有資格做鑑價報告的估價師，是第一個門檻。

看得懂這個資產的價值，是第二個門檻。

看得懂資產的價值，又有辦法出得了鑑價報告，願意簽名背書，是第三個門檻。

況且第三方出具的鑑價報告，是一種第三方的認證價格。用第三方認證的價格，來作為非現金資產增資的價格，似乎不太合理，而且有過度保守的傾向。

資產進公司，能不能獲利賺錢，又是另外一回事，這個是需要非常精準的商業評估。通常出具鑑價報告就是一個很困難的問題點了。

> **大部分的非現金增資，都卡在鑑價報告無法出具，或沒有太多的資金，負擔給付鑑價報告的價格。**

造成非常多的中小企業，因而無法利用非現金增資，創造自己的股權價值。用鑑價報告來卡住非現金增資，這件事到底是對或不對。

我們會認為，至少要讓中小企業有機會獲利，要獲利的前提，是要讓公司股權的價值，能夠趨近於市價。能夠趨近市價，前提就是，必須要讓公司結合各種不同的資源來創造獲利。

在國外，鑑價的價格，是讓董事會來參考用的，看看這樣的資產是否可以幫忙創造公司價值，所以有時候鑑價報告並非必備的文件，增資最主要還是按照董事會的決定。

董事會是掌控經營權的人，公司能不能獲利，也只有董事會才有精準的眼光可以判斷的出來。

但是，目前我們國家用的機制，是用鑑價報告來處理非現金資產的增資，相對是比較保守，也破壞了中小企業能夠整合各種不同獲利資源的機會。

建議長期來說，要把這個機制改變，如果董事會願意做決定的話，改為董事會判斷就可以。這個時候鑑價報告，會改變角色，變成是一個參考的證據，而不是必要的證據。

1-7-4 將客觀的訂價改成主觀的定價

那麼，要符合台灣現行法律與會計準則，有沒有辦法克服前述的難題，讓無形資產的價值，更好的被估算呢？

將客觀的鑑價機制，改為主觀交易的價格決定，其實在台灣法律下還是可以的，只要把財產抵繳股款增資作價方式，再拆解成「債權抵繳股款」的增資作價方式就可以了。也就是前面刻意提到的「以債作股」方式。

債權抵繳股款的作價方式，前提上一定要有債，債的前提就是必須要用金額來衡量負債。所以把金額的決定放到前面。怎麼樣把金額的決定放到前面呢？其實就是針對你提供的財產在交易的時候，預先用合約簽訂出一個你情我願的條件就好，並且預先訂一個交易的價格。

簡單的來說，一個合法的財產抵繳股款，可以拆成兩個交易的行為。

第一個交易，是把財產賣給被投資的公司，被投資的公司就因此欠下賣方一個債務，賣方擁有債權。創造出「債權債務」的關係之後，再拿著創造出來的債務，來作為抵繳股款的標的。

第二個交易，對這個買下財產的公司來說，一開始是買下資產所產生的負債，這個負債又拿來變成股份，也就是說這個公司，並沒有支付現金給債權人，而是發行股票，代替現金支付給債權人。

這樣的做法，就不需要第三方的鑑價報告，來做為這個交易的決定文件。

有時候第三方的鑑價報告，還需要額外的付錢才有辦法取得，鑑價報告在這個程序上，反而變成可有可無，變成不是必須的程序文件。

這樣做法的好處是一開始，我就把交易的價格定下來了。定下來的價格就決定入股的金額。

現金增資入股的程序上，只要沒有訂下交易價格，就需要鑑價報告，來決定交易的金額，例如資產抵繳股款。現行的各種增資作業，只有「以債以作股」是不需要鑑價報告的，因為債權的金額是合理明確的。

1-7-5 各稅增資方式的稅負成本分析

最後，由於我們的觀念還停留在工廠時代，所以有形的財產買賣需要成本費用來製造故稅比較少，無形的財產買賣稅因為舉證直接交易成本比較困難的關係，稅反而比較重。

各種增資管道的比較

投資方式	常見的形態	公司帳上顯示狀況	投資人付的資源	稅務上的成本
現金投資	現金增資	增加現金增加資本	現金增資金額	無
技術作價（一次性）	技術可移轉給公司持有鑑價後一次性作價入股	增加資產（分年攤銷）增加資本	可移轉的技術	技術作價列舉 30%另 70% 作所得繳稅
勞務作價（多次性）	1. 技術無法移轉公司持有鑑價後多次性作價入股 2. 用股票付薪水	增加薪資 or 資產（攤）增加資本	不可移轉的技術勞力	技術作價列舉 30%另 70% 作所得繳稅用薪水課稅
資產作價	用公司所需要的資產入股鑑價後一次性入股	增加資產（分年攤銷）增加資本	公司需要的資產	財交（收入減成本費用）可用一時貿易 6% 申報
債權抵繳	可以是以上類型混合體鑑價非必要的	看抵繳情況而定	對公司的債權	看抵繳情況而定

舉個例子來說，如果是個人（自然人），要增資入股 100 萬元台幣。如果是勞務提供的話，這 100 萬元台幣都必須被納入課稅。如果是用無形資產（技術作價）的方式，來增資入股的話，可以扣除 30% 的必要成本費用，換句話說只有另外 70 萬元納入課稅。

　　可是如果你是有形財產的話，又不一樣了，因為你可以在無法舉證成本的方式之下，用「一時貿易所得」來申報納稅，換句話說 100 萬元的台幣增資金額，你只有 6 萬元的課稅所得。

　　這就是為什麼會說，我們的稅務法令停留在工廠時代的原因。因為我們不重視無形資產，我們甚至認為製造一個無形資產，你的付出心力成本，比有形的資產更加的少，這樣子其實是不合實務的狀況，也是不合理的。

Bryan 律師法律提醒

　　本章提供對於合夥公司時「非現金」出資的各種作法，理論上雖然均已合法可行，但實務上辦理時因為沒有實際出資，股權卻已先發行，這時如何控制團隊的產出，就是核心的議題。必須另外有創辦人股東合約、員工聘僱合約，與股權收回約定等等詳細配套作法，才能因應具體案例，不至於最後發生賠了夫人（股權）又折兵（沒有取得勞務或技術）。

第二章

公司「價格」如何決定？
創業者、投資者的策略

- 創業公司如何估算公司價值（公司估值）？
- 作為創業者，應該如何說服投資人自己的公司具有較高的價值？
- 作為投資者，應該如何說服創辦人他的公司估值不若他想得高？
- 公司股權比例如何稀釋才是合理的？

創業者會遇到什麼問題？

Bill 的微硬公司設立完畢後，系統開發順利，也開始進行線上旅遊的服務。首批產品行程為「文明之旅」，由 Bill 自己擔任導遊帶領遊客去世界文化發源地各地旅遊，同一行程中由於不受地點限制，同時排定了兩河流域的埃及金字塔，及歐洲的古希臘文明。

由於雲端旅遊簡化了遊客的行程不便，做到傳統旅遊業無法做到的體驗，反應出奇的好。腦筋動得很快的 Bill 馬上由實體旅遊體驗中得到靈感，決定加入雲端廚房的功能，在遊覽過程中，會把特色料理即時快遞給消費者，讓雲端遊客在遊覽埃及時，就能體驗到埃及特色料理酥炸尼羅魚、希臘風味奶酪等等。

為了要開發這個功能，微硬需要增加 2,000 萬預算，建立快遞車隊及中央廚房，雖然微硬此時已有固定客源，但收入仍不及支應這筆預算。此時 Bill 有位舊識，暴風基金的經理人史蒂夫想要投資『微硬』。但史蒂夫跟 Bill 討論，在投資 2,000 萬後，他會獲得多少微硬公司的股份？又是佔微硬整體公司股份中的多少比例？

從人性出發，談價格如何被決定

前一個章節，筆者討論了可以創造公司價值的各種策略，但有了價值後，最終的「價格」如何被決定？這過程中，又會有哪些困難的地方，可以用什麼方式解決呢？

在這個章節中，讓我們先舉一個例子，分析一下價格通常是如何被決定的？就用預售屋的價量分析，來討論建築開發商，怎麼透過市場的機制，決定商品的價格，透過數量的稀少性，進一步提高市場上的價格。

討論價格是主觀來決定的？還是客觀來決定的？

所謂的主觀決定，是指交易雙方決定價格，即可作為交易價格。

而客觀決定，就是透過客觀的第三方驗證，來決定交易價格。

進行討論的目的，在於要幫助創業者，或投資者，可以：

1. 透過剖析現行商業市場上預售屋的案例，討論現行市場創造價格的機制。

2. 透過市場創造價格的機制，討論現行公司法，法律上如何衡量價值的機制。

3. 如何選擇有利於創業家的價格衡量機制，以利於創業家創價的思考。

2-1-1 鎖定供給量，創造價格

　　人對價格的感受，有許多的決定因素。特別是價格高低，產生的資源排擠效應，會決定人們願意用手頭上的多少資源來交換。

　　若是人們對這這產品的需求比較高，人們需要這樣的產品的時候，則必須用更多一點的資源來換。

　　當然人們對這個產品的需求比較低的話，若這個產品人們也是需要的，需求一提高，價格自然就提高，那麼同樣的價值，交換到的資源就會比較少一點。

　　透過價格的高低，控制人們對產品的需求，影響人們對資源的依賴。所以經濟學家研究人們對產品的供給與需求，所引發的價格與交易數量的變動。

　　以上的說明是從需求面的角度，來看對產品價格的影響。我們可以用供給面及需求面的角度，來看整個思考脈絡。

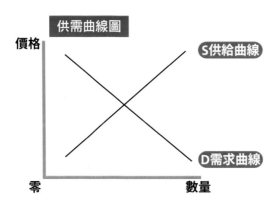

站在一個供給跟需求的角度來說，如果需求量越大，供給量越少，當然價格就越高。

需求量越少，供給量越大，當然價格就越低。

> **所以價格的決定，是因為供給跟需求的相對變動，而跟著變動。**

如果你是一個消費者，你要挑促銷的時候購買，價格才會低（供過於求），有可能促銷的時候是產品量供給大的時候。

如果你是一個生產者，則必須要挑消費者需求量大，但產品供給量小的時候，才有辦法取得比較高的價格。

問題是，什麼時候是消費者需求量大的時候？這樣子的需求，是主觀上的需求？還是客觀上的需求？

我們常常看到為了推銷某個產品，廠商會下廣告，下廣告會影響到廠商的業績，而下廣告其實就是在影響消費者認為的需求。也就是說消費者看到廣告，認為自己需要。譬如說生產洗面乳的廠商，如果下的廣告是告訴你用洗面乳清潔有效，這樣子的廣告強調的是客觀的需求「洗淨力」。如果下的廣告告訴你，洗面乳洗完會有水水嫩嫩的皮膚，這樣子的廣告強調的是主觀的需求「美麗容顏」。透過不一樣的產品訴求，來刺激消費者，產生對廣告產品的需求。

判斷什麼時候可以製造消費者需求的量，有時蠻主觀的，因為不容易拿到數據來驗證。有時候一些統計的數據，可以讓我們事後了解，分析出客戶客觀需求量增加的原因。

而有些廠商了解，既然無法拿到客觀的數據來驗證，並且也很難確認客戶的需求量：

> **就學習如何「創造客戶的需求」，以「提高價格」。**

> **或者更激烈的手段，就是反其道而行，透過「減少供給」來創造價格。因此就產生了鎖定供給量來創造價格的方式。**

2-1-2 從消費者角度看如何刺激價格

我們有什麼產業是透過「鎖定供給量」，來創造價格的方式運作呢？除了股票市場以外，我們比較常見的，就是代為銷售預售屋買賣的代銷業。

從消費者的觀點來看，建商透過代銷業賣房子的模式。舉例來說，

假設有一個地方附近房屋的行情，大概在 30~35 萬元上下，建商的第一輪預售建案價格，大概會從 1 坪 27 萬開始，消費者看到的會是 1 坪 27 萬的建案，而且因為價格較低，數量有限，可能預售屋開賣當天就完售。

看到開賣當天就完售這樣子的情況，會讓消費者的心中，充滿了後悔的心情。加上每一坪的價格，比附近的行情價還要低，真的是買到賺到，於是刺激消費者貪心的慾望，後續想要跟進。

第二輪建商又開賣，當天的價格來到 30 萬。價格行情讓消費者產生想要瘋狂搶建案物件的感覺及氛圍。偏偏想搶卻是搶不到，推出之後也很快就賣光了。這時候讓消費者覺得下一波，一定要趕快進場搶建案物件，搶到真的是賺到。並且不要像前兩次一樣，一開賣馬上就完售，在消費者心中留下扼腕的情緒。

第三輪建商又公佈預售的價格，當天的價格來到 33 萬了，前兩波在消費者心中留下的想法印象都還存在著，在消費者的感情因素比理性因素大的情況下，很有可能消費者會進場買進，因為消費者可能會認為：「太晚下單有可能就會買不到，買到也是賺到」，況且前兩輪的案子都是一開售就完售，若是下一輪還有建商的開價，這買進的消費者及投資客，就有辦法透過下一輪更高的開價進而賺到錢。

2-1-3 從產品商角度看如何控制價格

上面案例，建商為什麼這樣運作呢？上面是消費者的角度，我們來思考一下，如果是建商的角度的話，上面的故事會有什麼樣的不同。

在第一輪時，建商先從一坪 27 萬元開始賣，假設這一個建案總共 100 戶，第一輪可能只有開放 20 戶，開放的這 20 戶有可能先賣給公司的內部人了，或者是比較資深的銷售人員，只有知道這樣子內部資訊的人，才有辦法先搶先贏，搶得買到物件的先機。在這樣子的操作前提之下，才有辦法在第一輪開賣之後，建商供銷的 20 戶迅速地被搶完。

第二輪建商從 30 萬元開賣，由於價格比上一輪還要高一點點，但是由於消費者上一波不見得有搶到投資的物件，對消費者來說雖然貴一點點，但是應該還是買到有價值的東西。未來還是有退場的機制，這一輪建商可能開放了 20 戶準備要賣出，由於價格還算便宜，加上上波的買氣還很熱，所以這一輪應該有辦法很快就賣完。

第三輪建商從 33 萬元開始賣，由於消費者追加的氣氛依就存在。加上前兩輪建商將供給量鎖住，所以消費者的貪心心態，並沒有完全被滿足，建商在這一波其實會故佈疑陣，可能要鼓吹還會有下一輪的售價，讓消費者持續買進，並且讓消費者有想像的空間。如果順利的話這一波能夠將剩下的 50 戶全部完銷。

上面價格的操作，其實建立在「鎖住供給量」，創造物以稀為貴的心態。還有消費者的貪心，創造追價的環境，才有辦法讓這一個建案

全部完銷。這樣的操作必須是很細緻的，只要少了一點點的元素，有可能就會失敗的。但是，為什麼透過這些操作可以讓消費者想要來追價呢？

2-1-4 價格的感性、理性因素

對建商來說，做這一系列操作，其實都是要：

讓消費者陸續增加對產品價格的認同。

問題是這樣子的認同，到底是透過感性的要素呢？還是理性的要素呢？

在第一輪還沒有開始的時候，消費者應該是理性的。第一輪開始之後呢？消費者已經覺得賣得很便宜，所以有利可圖。而且必須要快快的去搶案子。

透過這一個關鍵點，其實消費者已經從理性慢慢走到感性。透過感性來認同價格，讓消費者從理性的批判，轉為感性的認同。

這個過程中最關鍵的點，就是讓消費者認為這個方式是「有利可圖」。必須要快點去搶案子及物件。從這樣人性如何決定價格的舉例出發，回到本書的主題，那麼公司要決定價格，創業者、投資人要創造價格時，會如何操作呢？

2-2

投資者如何「保守客觀」的評估公司價格

在創業過程中，也有兩方人馬，想要從不同的角度來決定價格。

第一方人馬，是投資者，投資人想要投資一間公司，當然最後也想要獲利，這時候要如何評估一間公司的估值呢？

想要評估一間公司的估值，需要先取得這間公司的一些資料。一般而言，我們評估一間公司的估值，可以分為：

1. 產業面評估

2. 市場面評估

3. 公司運作層面

4. 財務面

5. 法律面

讓筆者為大家一一解說。

2-2-1 產業面評估

「產業面的評估」，除了要瞭解公司在整個產業的上下游位置，並且用公司的營收來源（是哪方面的產品創造的營收？），來驗證並確認產業的角色，並了解產業的未來方向，是明星產業？還是夕陽產業？

是哪一種產業的性質，與產業上下游角色，會對公司產品營收的動產影響很大，對公司估值有很大的影響。

2-2-2 市場面評估

「市場面評估」，需要評估消費者是企業端（B端）還是消費者端（C端）。通常越趨近下游消費者端，產品或服務的毛利越高，但是單筆的銷售金額是越低的。若是越接近上游企業端，產品或服務的毛利越低，但是單筆的銷售金額通常越高。

企業的定位越往上游，賣的通常是走批發的模式，單筆的銷售量越大，當然產品或服務的單位毛利越低。企業的定位越往下游，賣的通常是走零售的模式，單筆的銷售量越小，因為每一筆都量少，當然產品或服務的單位毛利越高。

2-2-3 公司運作：人為控管還是內控制度？

「公司運作的層面評估」，公司有沒有導入內控的制度？還是用人為的方式控管？公司的營收是靠著少數人的努力才創造營收？還是公司靠制度面來創造營收？這些都會對公司的運作造成影響。有公司的內控，雖然公司必需要支付比較多的人力成本，工作也因為必需做到一些確認，可能工作的效率比較低，但因為有標準作業流程的機制，所以公司的運作是有效的運作，可控性比較高。若是人力控制，代表公司運作比較有彈性，不見得有標準的作業流程，工作的完整性可能會有問題，換句話說工作可能會有漏掉的情況。

站在一個整體公司的運作角度，可能需要收到客戶款項，會需要開發票，會確定請款記錄需要做消帳的動作，有內部控制的公司，因為有標準的流程雖然效率比較不高，但是工作比較不會有漏掉的狀況，營收的記錄會比較完整。若是人力來控制的話，有可能工作比較彈性，能用最少的人力來完成最大量的工作是優點，但因為沒有標準的流程，所以有可能工作完整性會是一個問題。

　　站在創造價值的角度來說，小公司當然比較適合用人力面控制，當規模越大就越需要用制度面來控制。

> *公司的營收是靠著少數人的努力才創造營收，還是公司靠制度面來創造營收。對評估一間公司的估值會有很大的影響。*

　　公司之所以能夠被出售，絕對是因為公司可以變成一個自行運作的系統。常見到一些公司，老闆就是業務，業務部門就是老闆一個人，這樣子其他公司要投資或買入這間公司的股票，站在資產保全的角度，一定會將業務部門完整的保留下來，這時候因為業務是老闆，所以公司無法獨立運作，受人為（老闆）的影響很大，這時候估值會比較低。

　　如果公司是由業務部門來運作，公司可以整體獨立運作，不受任何人的制約，少一個人影響不大，代表這個公司運作的方式是由系統及制度來運作的，故這種公司的估值會比較高。

成熟的企業愈需要制度

發展越不成熟的企業，越是由人治來治理公司而非制度。越成熟的企業越是由制度來治理企業，制度面比較可靠，但發展久了，會容易形成官僚化的運作。

標準化作業的目的是為了不論如何改變，企業都要確保作業及產出的文件品質一致。但有時候避免不了官僚化，是因為將所有程序都標準化了，為了確保運作都在軌道上，才會讓員工工作都照標準作業程序作業，久而久之讓員工都只能照標準化來思考。

2-2-4 財務面評估

「財務面」的話，我們要評估這間公司的運作還有財務體質，包括公司有沒有獨立運作是很重的，另外就是財務部門有沒有獨立運作。

其他的問題諸如公司的周轉金夠不夠？公司的資金與股東的資金有沒有很亂？公司採用一套帳還是兩套帳等等？

若是公司周轉金不夠，老是需要讓公司跟股東借款，來充實營運資金的話，或是公司常常需要跟外人借款，都會影響估值。

若要讓公司的估值高的話，要讓財務部門獨立運作，讓公司創造的獲利一點一滴都要進到公司的口袋，讓所有股東都可以享受到最終的

成果。

若是小公司無法用制度面運作，帳務也是採用兩套帳（後續章節會解釋兩套帳的壞處），就只能用人治的方式，投資人只能相信負責營運的人或負責營運的團隊了。

這種「相信」往往經不起人類貪心的考驗，會讓公司的估值會低一點。

投資人想要了解公司的資源有多少，獲利能力有多強，也是必需要先評估公司的財務品質才會知道。財務品質還包括公司是一套帳還是兩套帳，若採用兩套帳的話，代表公司的報表是有缺漏的，有可能是不可信的財務報表。若公司採用的定期請款有設計內控模式，有可能公司採用的是一套帳，如此公司的財務品質才會較為可信，才有辦法進一步評估財務數據好不好。

1. 評估財務數據可以看看財務報表：

2. 若是要看公司資源的狀況，請看資產負債表。

3. 若要看公司的獲利能力，要看損益表。

4. 若要看公司的錢的運作，看現金流量表。

獲利能力，資產價值及資產保全能力，都會影響估值。有些公司可能會短期有辦法創造獲利，但是長期來說不見得可以賺錢，此時就要比對損益表，還有現金流量表，分析差異原因，找到確切原因之後，才能評估估值的金額。

2-2-5 法律面評估

法律的層面，涉及到法律的風險，包括供應商的合約，客戶的銷售合約，公司內部聘僱人員的合約，有沒有重大的問題或風險。

通常合約沒事就沒事，若有事的話，就有可能就會是重大的法律風險。公司有沒有聘請法律顧問評估風險，也是一件重要的事。

在公司初創的時候，可能不是太重視這個議題，但是隨著公司越來越大，這個議題的重要性越來越重要。若是到發生問題走上法院之後，才想要解決問題的話，通常會面臨很大一筆損失。

尤其有些智財產業，必需很重視合約法務處理這部分的功能。

2-2-6 公司總體層面的評估

最後我們再來討論公司總體層面的評估。上面討論的工作，其實就是簡略版本的盡職調查（due diligence, DD）的工作。

例外是如果對投資一間小公司，可能有些工作可以省略。或是對某些投資者而言，因為買的股份數不夠多，公司可能也不希望投資者看公司看的太清楚，也不需要做盡職調查。

這個時候，起碼就要試著看得懂公司的運作跟未來展望，若方向對，看得懂，才能夠投資，若是有什麼缺點，千萬不要冒著風險投資。投資下去的話，有可能資金就有去無回了。

好的創投投資後，除了要做好投後管理以外，千萬不要干擾公司的運作。投後管理包括追蹤後續公司的營運狀況，並定期與創業家溝通討論，若連定期開會討論都無法爭取到的話，也只多多參加公司的股東會，才能了解公司的運作狀況了。

　　以下就用一張圖表，總結投資者保守評估公司估值的流程圖。

```
產業面評估  →  市場面評估  →  公司運作面評估  →  財務面評估
                                              法律面評估   →  公司整體面評估
```

2-3

創業者如何「最大化」公司估值：
一張股權規劃表

但是，創業者的角度又不一樣，創業家想要詢問如何最大化公司估值，這時候我們可以怎麼做呢？

不論創業家有沒有一間公司，跟創業家現在處在那一輪，都有必要先畫出自己公司的股權規畫表。

下一頁的股權規畫表，要將各股東名字填上。若是股東太多，可以只列出重要的股東，其他小股東則彙總列為其中一個即可。上面的「增資前」資料，務必與公司法律上登記的資料相符。

1. 若是股東認購公司發行的新股，要填「新股東增資」的欄位。

2. 若是其他股東購入其他股東的老股，則要填寫「股權移轉」的欄位。

於是「增資前」欄位資料，加上「新股東增資」及「股權移轉」欄位就是「增資後」欄位的資料。

下一輪則需要往下再填寫下一輪的「增資前」、「新股東增資」、「股權移轉」以及「增資後」欄位。

下一輪的「增資前」就是本輪的「增資後」資料謄寫過去。

另外，建議每次若有「新股東增資」務必填寫增資的方式於「理由」欄位，諸如現金增資、勞務抵繳、財產抵繳、債權抵繳及技術抵繳等等，避免未來看表格時，忘記以前如何向政府登記出資的股權形成方式。有部分申請政府補助或計畫也必需填寫公司的股本形式方式。

畫出股權規畫表的目的，除了橫向評估（股權結構的評估），還有縱向評估（時間軸評估）。

下面為大家解釋其用途。

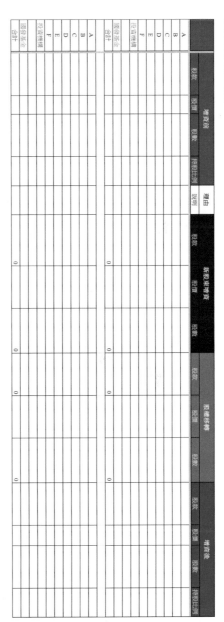

股權規畫表

	增資前			理由	新股東增資			股權移轉				增資後		
	股數	股價	持股比例	股價	股數	股價	股數	股數	股價	股數		股數	股價	持股比例
A														
B														
C														
D														
E														
F														
投資機構														
國家基金														
合計			0		0		0		0			0		
A														
B														
C														
D														
E														
F														
投資機構														
國家基金														
合計			0		0		0		0			0		

2-4

創業者的股權結構評估：
股權比例如何規劃

從上面那張股權規劃表，橫向看股權結構的評估，是為了要儘可能合理化股東的股權比例，以符合整個股權規畫的需求。

例如創辦人或創辦團隊在心態上，不能把自己當作打工仔，意指創辦人或創辦團隊在整體的股權規畫上必需要佔一定的比例，有這一定的比例股權，整個估值在前進增加的過程中，才有辦法有足夠的利益刺激創辦人或創辦團隊，堅持並持續帶領整個公司創造價值。

2-4-1 投資人的投資心態

通常投資人投資公司的心態，是類似搭公車的心態，公車的目的地是那裡，乘車者（即投資者）與司機（即創業家）詢問後，確定想要走的路線，若乘車者覺得路線很好，就會搭上公車（投資創業家的計畫）。

很少乘客上車後，會想要將司機取代的。當然資本市場也有發生過類似取代的狀況，但比例上仍屬於少數。

司機會希望開車能夠一路順風的開到目的地，所以爭取股東在股東會支持他繼續擁有經營權是必要的（繼續獲得可以開車的資格權利），故必然需要預先評估估值與未來兩到三輪的公司估值（預先評估油料夠不夠到達目的地，需不需要再停下來載更多客戶，收到收費來購買

到達目的地所需要的油料）。

當然經營者不見得會有財務背景，這時候尋求適合財務長這個職位的人選，並與財務長討論公司估值就很重要。

2-4-2 創業者、投資人對稀釋比例的顧慮

創業家通常很怕被稀釋股權比例，但是創業家通常只知道稀釋股權比例，卻不知道如何定義「被稀釋股權的效果」。通常計算股權比例（俗稱佔比）的計算方式如下。

某股東 A 的持股比例計算：

$$A 股東持股股權比例（佔比）= \frac{A 股東持有股數}{被投資公司總發行股數}$$

若公司總共發行 100 萬股，股東 A 持有 30 萬股，因此持股比例就是 30%（30 萬股 /100 萬股）。

若今天公司打算再增加發行 50 萬股，這個時候，公司就會問 A 股東要不要按原持股比例認股，若 A 股東不願認股，A 股東沒有跟進本次增資，故持有股數仍為 30 萬股，故增資後持股比例為 20%（30 萬股 /150 萬股 =20%）。

股權稀釋的股權規劃表示範

	增資前 股款	股價	股數	持股比例	理由說明	新股東增資 股款	股數	股價	增資後 股款	股價	股數	持股比例
A	300,000	1	300,000	30.00%					300,000	1	300,000	20.00%
B	200,000	1	200,000	20.00%					200,000	1	200,000	13.33%
C	200,000	1	200,000	20.00%					200,000	1	200,000	13.33%
D	200,000	1	200,000	20.00%					200,000	1	200,000	13.33%
E	100,000	1	100,000	10.00%					100,000	1	100,000	6.67%
F	0			0.00%	現金增資	1,000,000	500,000	2.0000	1,000,000	1	500,000	33.33%
合計	1,000,000		1,000,000	100.00%		1,000,000	500,000		2,000,000		1,500,000	100.00%

90

這樣子的持有股份，因為被投資公司擴大發行股數，而間接使股東透過持股所持有公司的股權比例減少的情況，我們稱為「被稀釋股權的效果」。

一方面股東可以不參加公司的增資，但持有股份數不會因為不參加而減少，持有股數與增資前相同。但會因為公司增加發行股數，間接使股東透過持股，所持有公司的股權比例減少。

2-4-3 股權稀釋效果的影響

創業者跟投資者都很怕股權被稀釋，問題是大家都搞不清楚什麼是被稀釋。

如上例，如果投資者 A 原來持有 30%，後來因為公司增資後，股權比例被稀釋為 20%，股東會因為損害自己的權利，感覺股權比例被稀釋，而不會心干情願。

公司募集新一輪的資金，通常也會擴大公司運作的規模，換句話說，公司的整體估值與股份的每股估值也會因此而大幅提升。

有可能手上持有的股份 30% 降為 20% 後，持有的股份數不變，但因為每股估值增加，所以持有的價值反而增資後較增資前增加。

2-4-4 創業者分階段的股權規畫

對創業者或創業團隊來說：

1. 運作的早期務必求拿到絕對控制權（團隊持股比例大於 2/3，持股比例約略大於 66.67%）

2. 中期務必至少拿到相對控制權（團隊持股比例大於 1/2，持股比例約略大於 50%）

3. 後期則只能依靠各股東的支持，讓創業者或創業團隊持續持有經營權。

「早期」通常是指商業模式與獲利模式尚未確定的階段。這樣子的新創公司募資通常稱為種子輪或天使輪。

「中期」概指商業模式與獲利模式已經確定且可被複製，且開始複製並且將模式大幅規模化。這樣子的新創公司募資通常稱為 A 輪或 preA 輪。

「後期」則是已經規模化完成甚至想要前進資本市場。若是 B 輪 C 輪以後，可以適用這樣子的，新創公司募資分類。

創業初期不太會有股權的問題，因為拿到手的資源比較少，這時候八成以上的股權都是創業家與創業團隊持有，這時候只要確定持股比例大於 2/3，約略大於 66.67% 即可。

在台灣，少數的創業家會開放讓團隊成員持有公司股份，建議要儘快讓團隊成員持有公司股份，不論是以股票來支付薪水，還是開放現金認購公司股份都好，有團隊成員持有股份，那持股的團隊成員會更認真執行工作，持股的團隊成員也會認真確定創業家的新創計畫會不會成功。

創業中期因為需要的資源很多，股權會被急速的稀釋，所以更需要討論股權規畫。儘可能每次增資，創業者都保留一定比例，讓創業家與團隊成員認購。

建議也依照「雙層股權架構」的方式（本書後面會特別講解）來規畫股權，可以開放以股份付薪水，以保證創業家與團隊成員的股份比例大於 50% 以上。

這個時候財務規畫很重要的是維持獲力的能力，即使進行新一輪的增資，即使認購的股份比例很大，仍然要確定公司的獲利能力，不會因為增資而變成無效率或獲利能力降低。這時候創業團隊面臨的投資人，可能是創投 VC（Venture Capital）。

創業的後期，更需要更大的資源的投入，以建立規模化的系統，來創造可不斷複製獲利的基礎，並開始走向資本市場。許多走向資本市場的團隊，最後創業者持股可能不大於 30%，甚至於創業家持股不到 10%。這時候創業團隊面臨的投資人，可能是機構投資人或大型的 PE fund（Private Equity Fund）。

2-4-5 拿到比較大的資源，卻又不失去主導權的地位

> *創業家與團隊持有股份，最重要的一件事，是要對營運的公司建立持續的控制權與主導權。*

經營公司不是一件容易的事，將公司的營運做對做好，甚至方向要正確，某方面真的不是太容易。

有時候大股東的變化，會影響公司營運的方向與經營的方針，也會影響公司整體的步調與前進的步驟。

故創業家與團隊持有股份，必然要畫一下股權規畫表（通常會超前佈署至少三輪的募資），評估一下如何拿到公司所需要的最大資源的前題下（包括資金、人力、通路、資源及資產等等），仍保持公司的經營權，不會有危險。

2-4-6 所有權與控制權的差別

在探討創業的組織架構的時候，有些組織的運作是以「控制權」取代「所有權」的模式。

例如財團法人沒有持股的設計，卻需要捐獻一筆大額財產，才可以取得政府的核准開始運作，捐出去的財產等同於放權所有權。但若持

續主導財團法人，則是以控制權的方式來存在。

有些組織是以純所有權的模式運作，例如大部份公司組織就是用所有權的模式來運作的，上市櫃及公開發行公司，在此層次上是以尋求股東或法人機構投資人的支持，以控制權的方式來運作的。

越高端的規畫越不會有財產權，越容易採用控制權的方式運作。而財團法人是公益組織，往往不會有營利事業所得稅的問題，但若財團法人解散則財產歸屬於政府。

越成熟的企業，股東越多，這時候董事會與經理人，還有股東會與公司治理會是成熟企業不可避免的問題。台灣的公司常常避免形式上的麻煩，而選擇不開股東會、董事會，或雖有開會董事長只願意找投票部隊來當董事會成員，形成董事長決策的一言堂。

董事會的存在，有時候是為了與董事長討論經營權的作為，與公司的運作架構是否順暢。董事會在台灣公司法法規，著重在監督。監督是防弊不是興利。如何拿捏董事會的職權，董事長願不願意找比自己厲害的人來當董事，在董事會開會時請益討論就是一個公司發展很長遠的課題。

股東會的存在，有時候是必要的。畢竟大股東還可以向經營者（總經理或董事長）施加壓力，讓經營者向大股東報告營運的狀況。若是小股東只能參加股東會才能瞭解公司的運作。公司的營運若有定時開股東會報告營運的狀況，很容易就會得到小股東的支持，公司找投資人，因為有現成股東的口碑，相對來說比較容易。

創業者的股權結構評估：
時間軸的縱向影響

在前面的股權規劃表中，除了橫向的股權分配外，每一輪募資後，在縱向時間軸中，創業者如何規劃每一個階段的股權架構呢？讓我們再深入來解析。

2-5-1 評估每個階段股權架構的合理性

我們在評估股權規畫表的時候，都會抓個幾輪募資輪的方式，先試著畫畫股權規畫表。

除了要初步評估每一輪的估值與每股價格，建立數據的合理性，也要抓抓投資人的心態。

估值抓的太高，會讓投資人對投資卻步。估值抓的太低，又會讓進來的資金太少。或是稀釋的比率太高，讓創業者變成打工仔。

> *比較好的方式是畫畫股權規畫表，並且多畫個二至三輪。*

了解一下大概的長期趨式並且沙盤推演，才能讓創業者對股價的估值有心得與概念，並得以進一步試著說服投資者。

2-5-2 高估值時的股份分割

有時候估值抓的比較高的時候，會讓投資者卻步。畢竟若是一股為 10 元，漲三倍就是 30 元，對投資者來說，20 元的差距可謂很遠。若是一股為 0.1 元，漲三倍才 0.3 元，其中 0.2 元的差距根本上可以忽略。

這個是人性的心理對價格價值偏誤，產生的人性弱點。

所以若不小心估值抓的比較高，請記得要做一下股份的分割。

若是發行價 10 元，可以做個 10 倍或 100 倍的股份分割，將股份分割 10 倍，是在現在同樣的價值下，將現在發行的股份膨脹 10 倍，達到認股價格下降的目的。若是分割 100 倍，亦是在現在同樣的價值下，將現在發行的股份膨脹 100 倍。現在 10 元的價格，若膨脹 10 倍價格會是 1/10，所以會是 1 元。現在 10 元的價格，若膨脹 100 倍價格會是 1/100，所以會是 0.1 元。

透過股票分割，可以讓投資人主觀上，不覺得面臨股份的高估值，仍然花三倍的漲幅購買股份。

台灣的公司法，並沒有明文規定股票分割的程序，現行的制度只是將章程所載的股份數，透過股東會決議，來增加並膨脹倍數的股份。

股票分割這個工具，可以讓高價值的股份，透過股票分割的概念，降低每股市場價值，以達到集合小額的資金，彙集成大水庫的概念。

2-5-3 針對每一輪的估值進行財務預算評估

每一輪的估值，都需要評估財務預算，包括錢要花在那裡，本次找到錢要活多久，要怎麼燒錢，要達到什麼目標。

建議新創公司，要發展增加競爭力的錢，找投資者募資拿到大量的錢後，儘快燒掉，快速的提升競爭力及獲利能力。

團隊生存的錢，建議用平時的獲利來支撐。

這樣才有辦法讓新創事業更健康。新創公司發展策略面的討論，常常是很重要的決策。

本節的文字雖然很少，但每一句話都很深刻，也很重要，有辦法落實才會讓自己的公司更加穩健。

2-5-4 針對近半年做現金流量的評估

為了讓公司的運作更健康，建議持續的做現金流量的評估。

現金流量的評估每次至少做半年。做完現金流量的評估，會了解公司運作何時會有運作的資金缺口，何時現金比較充裕。

確保若是產品虧本賣，公司也不會倒閉。只會覺得公司的錢越來越緊而已，緊到付不出錢來，就會有倒閉的風險。

企業往往是現金流量轉不過來（周轉失靈），發不出薪水，付不出錢來，才是是企業倒閉的主要原因。

讓筆者為創業者總結一下，進行股權規劃時的基本策略：

- 橫向評估

  1. 股權結構比例

  2. 注意投資者的心態問題

  3. 注意稀釋效果

  4. 要讓主導者及團隊拿到經營權

  5. 試著強化公司以制度的方式控制

  6. 建全公司治理

- 縱向評估

  1. 時間軸的預估

  2. 評估每個階段的股權架構的合理性

  3. 針對每一輪的估值進行財務預算評估

  4. 針對近半年做現金流量的評估

Bryan 律師法律提醒

實務上判斷的順序多半為：

- 投資金額會對應公司所需預算，這部分比較固定，需要先確定。

- 再討論決定好公司價值，就可以按投資金額對比公司價值，來決定投資人的佔股比例。

- 最後再依原有已發行股份數計算新發行之股份數，來訂出新發行股份的認股價格。

第三章

「無面額股」
如何解決技術作價、
股權分配問題？

創業家想要拿投資，又想在公司裡持股比例不要被稀釋太多，傳統上「高額溢價」的模式很難說服投資人，創辦人以「技術出資」的方式又有高額稅賦，有沒有其他合法的操作方式？本章使用『無面額股』（或是超低面額股），加上二輪增資的操作方式，是新公司法上的新解方。

創業者會遇到什麼問題？

半個月前史蒂夫的投資大抵談定了，Bill 說服了史蒂夫，微硬公司在還沒有『雲端廚房』新功能之前已經有不錯的營收，史蒂夫盤算後認定目前微硬公司價值有 1 億 8 千萬元，同意出資 2,000 萬後佔公司股份 10%。

後續在進行簽約及公司變更登記時，Bill 找了專業律師協助辦理：一經計算 Bill 持有 100 萬股權（1,000 萬除以每股面額 10 元），倒算才發現史蒂夫的投資，每股價格竟高達 185 元，史蒂夫直覺太貴，回去跟暴風基金的董事長可能不好交代。直問有沒有其他辦法？

這章將會教你怎麼讓史蒂夫能有個滿意好交代的價格，也能讓 Bill 拿到 2,000 萬的投資資金。

3-1

技術作價、股權分配的現實困境

　　「創業者」為了要開創一個有競爭力的電商平台，為了有辦法營運經營，開設了股份有限公司。開設了股份有限公司之後，就要發行股份了，因為是經營平台經濟的新創公司，為了要讓自己的公司脫離傳統經營的困擾，找投資者會卡在公司章程的股份面額，讓「創業者」找不到錢。所以「創業者」打算想要使用「無面額股」，問題是無面額股之前在閉鎖性公司才有，還沒有很普及，拜新修正公司法所賜，現在「一般股份有限公司都可以用無面額股」。

　　於是筆者常常遇到「創業者」來求助，請教會計師如何使用操作無面額股呢？ 以下將慢慢道來。

3-1-1 技術股引發的稅災問題

　　首先，我們從技術股引發的稅災問題，來看看無面額股可以如何解決問題。

　　之前新聞報導不少因為技術股而產生的稅災戶，有優秀的研發能力，研發各種專利技術的創業者，卻因不熟悉國稅局課稅的規定，而踩到了國稅局技術股的課稅規定，進而產生了巨額的應納稅款。而使創業者在創業的過程中，必然要面臨國稅局追稅的窘境。

早期我們可以利用中小企業發展條例，或產業創新條例相關的規定，讓技術股只課技術估價增資金額的 70%，或是採用上列法規中股票抵繳可以緩課的規定，讓創業者在一開始創業的過程中，就不用繳巨額的稅負。

> **但以上都屬於納稅義務人的「權利」，換句話說，國稅局認為權利「要申請，才可以使用」。**

若是創業家忘了申請，那就只能接受國稅局的課稅。

2018 年 8 月 1 日總統公布，截至 2018 年 11 月 1 日始經過行政院核定開始施行的公司法，總統公布的公司法，有了這套新修的公司法，正好可以：

> **利用「無面額股」，來架空技術股課稅的規定，有利於創業家利用股票來創造價值。**

並試著將價值轉換到資本市場形成股價，作為創業家試圖幫助公司股東們創造財富的過程。

3-1-2 公司資本三原則，與折價發行股份的難題

公司資本額，是股東將自己的財產，投入到公司作為資本額，讓公司可以購買相關的存貨、設備或資產，或支付相關的報酬，以創造價值的基本方式。

學理上有所謂的資本三原則：
1. 資本確實
2. 資本維持
3. 資本不變

資本三原則的設定目的，是為了要讓公司的財產得以穩固，畢竟公司在運作的過程中，公司的運作需要股東的投資，但股資畢竟是有限的，若公司想要更加擴大規模，公司就會開始舉債。

例如跟銀行借錢是一種舉債。供應商的貨款從發生後 30 天付款變成發生後 3 個月付款，也是一種舉債。

要讓債權人得以收到公司的還款，前提就是公司需要穩固的財產。公司要有穩固的財產，前提就是股東的投資要相對穩固。

因此在資本三原則的設定之下：「公司禁止折價發行股份，也禁止勞務作價發行股份。」

公司發行新股，供股東認購，可以分成三種方式：

1. 溢價發行

2. 平價發行

3. 折價發行

公司會先訂出每股的面額是多少？假設每股的面額，公司訂價為 10 元，這個面額的設定，只是滿足公司法的管理目的。

如果訂的面額是 10 元，股東實際花的認購價也是 10 元，這樣子就是平價發行。

如果訂的面額是 10 元，股東實際花的認購價是 12 元，即大於面額的 10 元，就會被認為溢價發行。

如果訂的面額是 10 元，股東實際花的認購價卻是 7 元，就是折價發行。

> **公司法是禁止折價發行的。相關法源依據是公司法第 140 條第 1 項前段：「採行票面金額股之公司，其股票之發行價格，不得低於票面金額。」**

問題是公司若是設定了 10 元面額後，後來股東也依據 10 元認購股份。後來公司有可能因為營運不善的關係，導致虧損，如果不小心營運不善，假設當年度每股虧 4 元，淨值就剩下 6 元。

這樣子的話，公司要發行新股，吸引其股東投資的話，只能用 10 元認購股份，這卻對股東非常不公平，因為現在的淨值只有 6 元。舊股東經營不善，公司發行新股認購的新股東，投資還要用 10 元補貼舊股東？

這樣子的法律規定，讓公司面臨難找投資者的問題，特別是依法律規定願意補貼公司的投資者，也會讓經營者哭笑不得。

不會有溢折價的問題了，當然就不會發生公司營運不善後，雖然有新的好規劃，但新股東難找的問題。

從頭到尾面額也只是法律規定的數值，對實際的經濟活動沒有太大的關聯性。善用無面額股，創業者可以讓股權規劃更有彈性。

> 相關法源依據是公司法第 140 條第 2 項：「採行無票面金額股之公司，其股票之發行價格不受限制。」

3-2

技術作價的傳統做法與其問題

用技術當作投資標的，最大的兩個問題就是：

1. 真正的技術難能可貴，如何評估技術的價值？

2. 技術入股如果沒有搞清楚繁雜手續，可能導致鉅額稅災！

3-2-1 技術作價，技術的價值如何衡量？

早期我們的商業法規，主要是公司法，只有接受股東們拿錢出來投資某一間公司。

換句話說，如果你有房子或是有技術，打算要拿來作投資這間公司的話，即使這個房子跟技術是公司需要的資產，但是：

3. 你必需將房子賣掉「拿到錢」，才能投資這間公司。

4. 或是找人接受技術的授權，「拿到技術移轉的錢」，才能投資這間公司。

即使這個技術是公司需要的，有技術都沒辦法做為投資的標的。或都是迂迴的賣房子及技術給公司，公司先付一筆錢給你，拿到錢之後才能投資到公司作為股份。

後來民國 90 年公司法大修，慢慢的將這個部分修掉了。換句話說，現行公司法，如果有房子或技術，不用這麼麻煩了，可以直接拿房子

跟技術作為增資標的。

> **但是這時候還有一個麻煩，就是需要請鑑價人員出具鑑價報告，來證明房子或技術到底值多少錢。**

但這對創業者來說，其實在實務上是一大難題。

曾經有個廚師做的一手好菜，有他做菜的地方生意都可以翻兩翻，老闆都很愛他，當然他的薪水也很貴。問題是一直在社會上闖蕩的他，有沒有辦法有一天也創出一番事業？ 由他創造出來的營收獲利，最後有沒有機會進到他的口袋裡面？

換句話說，廚師的技術，有一天有沒有辦法變成有價值的東西，被放到公司作為生財的工具？

有一天，這個廚師找到一個老闆，願意投資他一起開店，但有沒有辦法，廚師只出技術，老闆只出錢，由廚師來主導整個餐廳的營運？

問題是這樣的料理技術，在法律的定義上，無法分離廚師個人而獨立存在。

換句話說，我這個廚師要讓公司其他同事學會做菜的技術，可能要

花個幾年，才有辦法調教出一位徒弟，跟現在這位廚師一樣的懂味覺，又可以燒得出一道道好菜的師傅。

希望廚師的技術，有辦法變成有價值的東西，被放到公司作為生財的工具，這個問題的最終答案，會是廚師希望自己有股權，有可以分到利潤的可能。至於「技術」在法律上能不能夠被放到公司，反而是次要的。

無面額股來設定技術作價，是為了解決廚師只出技術，老闆只出錢的解決方案。

嚴格來說，這個案例比較像是勞務，而不是技術，但是重點在：擁有技術的人，可以合法的分潤。至於法律上到底是技術還是勞務，就讓有興趣的人研究研究。

技術作價與勞務作價

» 技術作價：又稱技術作價入股，或技術入股。

指投資人提供技術給公司，作對認股相對的價格。換句話說，認股人要購買股份，不付出金錢，而是以技術作為支付的對價。當然雙方都會談出一個價格，是雙方都覺得公平的價格，作為本次的交易價格。

» 勞務作價：簡稱勞務作價入股，或勞務入股。

指投資人提供勞務給公司，作對認股相對的價格。換句話說，認股人要購買股份，不付出金錢，而是以勞務作為支付的對價，當然雙方都會談出一個價格，是雙方都覺得公平的價格，作為本次的交易價格。

技術跟勞務最大的差別是，這門技術能不能分離於人而獨立存在（這個並不是學理上的定義，只是讓讀者比較好理解這件事的差異）。如果這門技術只能依附在某人身上，這人很難技術轉移給其他人或組織，只能靠某人提供服務來滿足公司的需求，這樣的服務我們會比較傾向認為是勞務提供。

若這門技術可以傳授給他人，讓買的人也可以指定誰來學會這門技術，我們會比較傾向認為，可以被傳授他人的是一門技術。

3-2-2 不是技術作價是否可行，而是如何解決稅務問題

個人持有的技術，若想要用技術來作價投資公司可不可行？ 這個技術作價的程序是可行的。畢竟，技術作價可以找個懂你技術的鑑價公司，討論鑑價報告的可行性。再找個懂你的法律或財務顧問，探討合法增資的程序。

但是創業家若是聚焦在：「技術作價可不可行」，其實就是劃錯重點了。

因為經驗上,傳統的技術作價,常見的最大問題是作價成功之後,從無到有的將技術資產登記完畢,個人的技術也馬上從無價值變成「有價值」,產生鉅額所得稅的稅務問題怎麼解決?

　　這是一個發生在台灣的真實案例,ETtoday 財經 2017 年 12 月 19 日新聞標題寫到:「稅官行政裁量權過大!海歸科技人淪百萬稅災戶」。

　　「稅災戶 DNA 晶片技術學人葉某出面控訴,技術性入股卻被稅官曲解為薪資所得。」

　　新聞的來龍去脈,葉某將其 DNA 晶片技術帶回台灣,並和一家公司談好以技術入股方式,投資其公司。增資過程當然完全按照政府法令,也報請經濟部核准。

　　可是沒想到過了幾年後,葉某竟然收到天價稅單,國稅局將當時技術入股的股票,當作他的薪資所得,並處以 4 成稅率課稅,要他背負逃漏稅 400 萬的罪名,還因欠稅被限制出境,導致妻離子散。

　　當然,葉某在這期間也有把股票拿給執行署去估價,當時估價的金額約 390 餘萬,但執行署堅持只能用現金繳稅,不能以股票抵稅。當初他按照股票的市價估值,執行署認定所得乘上稅率後得出 400 萬的逃漏稅稅額,現在葉某跟執行署投降,並不適用民間投降輸一半的做法 (笑),若要將股票全額提供給執行署,也只能抵 390 萬。換句話說,技術丟進公司,拿到股票要課 400 萬的稅,現在股票通通都不要都給執行署抵稅了,還倒欠 10 萬元的稅款。

在這樣一個案例中，可以看到稅官行政裁量權過大，技術性入股，卻被稅官曲解為薪資所得，導致不少人才對創業卻步。

3-2-3 傳統的技術作價，低估了技術的價值

個人技術作價，按傳統的方式來說，會產生及製造稅災，都是因為事前沒有先想清楚如何使用技術作價的優點。

舉例來說：甲投資 1 千萬元，乙憑著自身的技術作為技術股，雙方約定甲佔 40%，乙佔 60%，乙有經營權，傳統的股權表格如下。

個人技術作價傳統的股權規畫

股東	投入資金	佔股權比例	出資價值	課稅價值
甲	10,000,000	40%	10,000,000	0
乙	0	60%	15,000,000*	15,000,000
合計	0	100%	25,000,000	0

註：* 計算方式是 10,000,000/40% X60%=15,000,000

技術作價在現行法規中的困擾，是傳統的技術作價，依據「生技新藥產業發展條例」第 7 條及第 8 條、「中小企業發展條例」第 35-1 條及「產業創新條例」第 12-1 條、第 12-2 條及第 19-1 條等都有相關規定。

統整來說，就是一種是「緩課的規定」，就是技術作價變成股票當下不課稅，等到技術作價的股票賣掉，才在賣掉的時點課稅。但是要

注意的是，緩課的規定是一種租稅優惠，是需要「申請經過政府機關審核通過」，才能使用的權利。如果沒有申請，就無法享受這樣的權利。

另一種是技術的投資人可「依照售價的 30% 扣抵成本費用」，也就是技術作價 1,000 萬台幣，課稅的基礎是 1,000 萬 X（1-30%）=700 萬台幣。

700 萬的課稅所得，看投資人適用的稅率而定，通常 700 萬的課稅所得，只能適用 40% 的稅率，簡單來計算 課稅所得 700 X 稅率 40% = 應納稅額 280 萬。

緩課股票是種租稅優惠，需要申請才能使用，若漏未申請就以為可以適用租稅優惠，而未能誠實申報所得，有可能會收到國稅局的稅單，要求要補稅罰款。

至於技術作價按 30% 扣抵成本費用，也是一個很誇張的數據，畢竟可以製作出一個技術，創作人需要嘔心瀝血，絕非按照 30% 的成本費用率可以補償的。

> **從另一個角度來看的話，技術作價課 70% 的重稅其實是貶抑技術的創新，並非鼓勵技術的創新。**

進一步來說，若是技術出資的投資人要佔到六成的持股佔比，就必

需要認定技術出資的乙，拿到一千五百萬的課稅股份價值，而加以課稅。問題是，這個價值是真的拿到手上的價值嗎？並非如此。

這個價值，是投資人雙方認為投入公司的營運，可以獲得的價值，並不是乙馬上就拿到的價值。

問題是這個價值必需要透過公司的營運，才能夠轉換為真實的營收，結算出盈餘之後進而透過依持股比例來分配給各股東獲利，投資人才能拿到公司所賺取的盈餘。

若是現行的制度規定，將這個投入的價值在雙方投入公司營運的階段就課稅，還沒有開始營運，也未獲得營運利潤就開始課稅，這樣子的課稅機制其實不甚合理，也違反了稅務上所謂的「拔鵝毛理論」，也就是應該等到納稅人有了獲利再針對獲利來課稅的機制。

3-3

由採用面額制度，進化到「無面額股」

解決上述技術作價難題的另一種方式，其實是用「無面額股（無票面金額股）」的方式來處理。相對於無面額股（無票面金額股），傳統的面額制度稱為票面金額股。

無面額股，於 2018 年 11 月 1 日施行的新修正公司法，已經核准一般股份有限公司可以採行無面額股。

修法前是僅有閉鎖性公司才能使用的制度。早期的制度是股票都必須要設定面額，一股可以定 10,000 元、1,000 元、10 元及 1 元都有人用，面額也必需要在新台幣 1 元以上。2018 年初經濟部商業司才開放面額可以用 1 元以下的面額，說實話，也還實在不夠用。

因為面額股的面額在法律上最大的用途，只是拆分投資款分成股本及溢價，只是要滿足法律上的規定而已。

而且採用面額股，為了要滿足傳統的資本三原則的資本維持概念，是禁止折價發行的／若面額 10 元時，若是公司目前價值低於 10 元的面額，不能用低於面額的方式讓投資人認購。

換句話說，在舊的法制下，公司可以用 12 元或 11 元發行新股，但是不能用 9 元或 8 元發行新股，只要低於 10 元就不行。

但如果採用無面額股的設計，可以將傳統的面額股面額的規定拿掉。上述的面額股除了一股 10 元的面額外，還有實際發行的發行價格。

如果轉成無面額股，就只剩下發行價格了！

沒有面額的規定，就不會有折溢價的問題，也就不會有無法折價發行新股的問題了。

3-3-1 舊制面額的困擾

以前為了讓這個違反經濟運作制度的法律可以運作，常常產生很多令人啼笑皆非的例子。

例如曾經有個經營者，讓投資者用 10 元入股，第一年還在摸索市場怎麼做，結果產生了大幅虧損，公司的淨值剩下 6 元。在當時的公司法禁止折價入股的概念下，投資人無法用 6 元入股，只能用 10 元入股，站在公司法的角度，以 10 元入股才是保障債權人的權益，但是卻不顧慮股東的權益，硬是要用比較高的價格才能入股。

那個時代，為了處理這檔子事，常常很麻煩的，要請公司先將虧損減資掉，減資彌補虧損之後，讓股東用減少出資額，或減少投資股數，實質的減掉虧損後，當公司的淨值回到 10 元時，投資人才會干願用 10 元來投資公司。

繞了一大圈，開董事會、股東會，只是為了不能折價發行，要平價或溢價發行，我們的法規那時候是硬梆梆的，沒得商量。

那時有些公司就覺得很麻煩，要找錢還要限制東限制西，有時候就會硬是用 6 元讓股東增資，墊上差額 4 元，等到增資之後，再將 4 元退還給墊款的股東。但這樣操作，反而造成了公司的狀況不真實。

新的公司法確實用無面額股解決了上述的問題。

> **不論面額怎麼訂，訂的再低，有訂出面額就有溢價及折價的問題，也就必然有公司無法折價發行的問題。**

試問，如果您的面額訂的價格是 10 元，現在公司的淨值或合理價值在 6 元，請問法規上要求每股增資的金額一定要 10 元以上，無法用每股 6 元來增資，會有什麼結果呢？最後投資人必定不會老老實實的用 10 元來增資，要嘛就是投資人完全不想要認增資的股份，要嘛就只能依法律規定用 10 元認增資的股份後，再額外約定後續退還股金的條款。

而且，退還股金還可能違反公司法第 9 條第 1 項負責人退還股金的刑事責任。

≡ **NOTE**

公司法第 9 條第 1 項：公司應收之股款，股東並未實際繳納，而以申請文件表明收足，或股東雖已繳納而於登記後將股款發還

股東，或任由股東收回者，公司負責人各處五年以下有期徒刑、拘役或科或併科新臺幣五十萬元以上二百五十萬元以下罰金。

3-3-2 面額造成投資人或募資創業家的困擾

這對於實質的經濟發展，市場真實價格的反映，似乎沒有太大的幫助。

通常在談判要投資入股的時候，常常談判的方式是談公司要給多少股權比例，及投資人要付多少錢的投資金額，以買入相對的股份數。

在面額的規定下，當投資人談好投資協議後，準備要簽訂書面合約的時候，當投資人看到佔比所換算拿到的持股，並比較換算持股購買價格及面額的差異之後，才會發現自己投資的溢價怎麼這麼高，而造成投資人的卻步。

殊不知面額只是一個假議題，目的是法律的要求，想定多少就多少，跟實質的價格價值沒有關聯性，反而造成投資人或募資創業家的困擾。

這樣的制度發展下來，反而無法反應股票資產價格，卻讓商業因為這樣不合理制度，幾近於動彈不得。

無面額股的設定，某些程度解決了上列股份無法折價發行的問題，讓股票的發行更能貼近市場。

3-4

用無面額股，解決技術入股難題

　　根據前述的分析，有優秀的研發能力研發各種專利技術的創業者，卻因不熟悉國稅局課稅的規定，而產生了巨額的應納稅款，而使創業者在創業的過程中，必然要面臨國稅局追稅的窘境。

> *無面額股的設定，可以讓有錢的人出錢，有技術的人出技術，有經營能力的人出經營能力，這樣子才有辦法去整合出一個擁有各種可獲利的資源，可以利用資源互補互利能賺錢的公司。*

3-4-1 如何用無面額股，重新規劃技術股？

　　將我們在 3-2 提到的例子，把技術入股的股權規畫，變成以下的方式。將原本乙（技術入股）不出錢的方式，改為出 1 元，透過無面額股可以自定發行價格的概念，讓出技術的人達到協議訂定 60% 的持股比例。

　　當然，在規畫的過程中要避開公司法，當次增資股權價格需歸於一律的規定，需要做成兩次的增資程序。

值得注意的是，透過無面額股的投資規畫，持有技術的投資人是透過對價關係購買到股份的，既然是透過「對價關係」持有股份，自然無傳統的技術作價所產生的個人財產交易所得的問題。

個人技術作價的股權規畫 - 採用無面額股

股東	投入資金	每股認購價	認購股數	佔股權比例	出資價值	課稅價值
甲	10,000,000	250	4 萬股	40%	10,000,000	0
乙	1	1 元 /6 萬股	6 萬股	60%	1	0
合計				100%	10,000,001	

3-4-2 無面額股的使用要注意的問題

無面額股是個好用的股權規畫工具，便利創業者找錢，也可以方便利用無面額股去整合其他的資源。當新創公司一開始成立的時候，用無面額股來整合資源是好的方式`.

問題是當公司的價值越來越高的時候，逐漸不太能用低價整合其他

資源的方式來運作（即上述 1 元出資讓技術股東入股）。

> **當公司的價值越來越高的時候，就越要尊重各股東投資的價值。**

試想一個狀況，若公司有前一輪的投資人可能一股用 20 元買入 20%，假設共花了 300 萬，現在公司想要整合其他技術的資源，居然讓某股東得以佔 20%，卻只花 1 元的方式入主公司。有可能還在談技術入股股東的時候，前一輪的投資人就開始找您討論這個價格是否合理的問題！

如果創業者想要募資找錢，創造價值及成就，創業者其實是設定這個局面條件的人。

當創業者可以將現在募資的局面，做到一定的價格的時候，代表某些優勢投資人是買單的。這些募資的局面條件，有可能是創業者設定或創造出來的。

千千萬萬不要設定一個便宜的價格，以子之矛攻子之盾，來自己打臉自己以前設定的條件。最好還是要照著公司已經設定的價格（價值）趨勢路線走下去。

3-5

用無面額股，解決股權機制調整問題

有些創業家們因為溝通的問題，或真的不了解如何架構自己營運的公司，不知道自己公司股東的持股比例（俗稱佔比）的結構如何。

常見到的操作錯誤是，不小心增資卻算錯賣增資發行的股數，導至各股東的佔比產生很大的問題。

曾經有一位創業家拿他的困擾來抱怨（可參考下方表格），原本請編號 7 的投資人投資，談好該股東投資 50 萬元，買到 5% 的股數，預計增資完會變成表格中的「預期情況」欄位。

編號 1 的創業家，只從 33% 稀釋 1.65% 後，佔比來到 31.35%。

但是，卻因為每個人都認為是一股一元的股份，創業家與代理人溝通問題等種種誤會，導至最後登記出來的情況如表格中的「實際狀況」欄位的股東佔比。

該編號 1 的投資人因為這個錯誤，增資稀釋後只剩下 22% 的佔比。該名投資人頭痛不已，也不知道怎麼解決這個問題。

這個創業家的困擾是，依照表格的數據，新入股的 7 號股東，原本應該花 50 萬元，卻只佔 5% 的佔比，但是因為創業家與代理人溝通誤會的問題，導致最後登記完畢的數據是佔 33.33%，換句話說，因為溝通誤會，導至新入股的 7 號股東，一躍成為最大股東。

舊股東也很困擾，原本舊股東的付出，好不容易弄到公司可以創造價值，並等著公司賺錢來分潤，股份佔比一變，原有股東馬上變成拿到打工仔的報酬。

創業家（編號 1 的股東）的佔比也從 31.35% 降低為 22%，一次下降了快 10%，未來放到股東個人口袋的獲利也跟著減少。

因為溝通誤會大家付出的代價其實蠻大的。

賣錯股票股數的情況

編號	原始情況			預期情況			實際情況（出錯）		
	投資成本	股份數	佔比	投資成本	股份數	佔比	投資成本	股份數	佔比
1	330,000	330,000	33.00%	330,000	330,000	31.35%	330,000	330,000	22.00%
2	210,000	210,000	21.00%	210,000	210,000	19.95%	210,000	210,000	14.00%
3	210,000	210,000	21.00%	210,000	210,000	19.95%	210,000	210,000	14.00%
4	210,000	210,000	21.00%	210,000	210,000	19.95%	210,000	210,000	14.00%
5	20,000	20,000	2.00%	20,000	20,000	1.90%	20,000	20,000	1.33%
6	20,000	20,000	2.00%	20,000	20,000	1.90%	20,000	20,000	1.33%
7	-	-	-	500,000	52,632	5.00%	500,000	500,000	33.33%
合計	1,000,000	1,000,000	100.00%	1,500,000	1,052,632	100.00%	1,500,000	1,500,000	100.00%

於是我試著幫忙整理出更後面的這個表格，試圖讓投資的佔比再度符合預期。

下一頁的表格中，為了要讓數據能符合原本的股份佔比，無法只減少編號 7 的股東股數，只好同額增加編號 1 到 6 的股東股數。

問題是，能不能出少一點錢的情況下，要增加多少股數，讓各股東的佔比符合預期值呢？

我們先用編號 7 股東的數據來計算看看，股數 50 萬股的情況下，只能佔 5%，那總發行股數會是多少？

> 總發行股數 = 編號 7 股東股數 500,000 / 預期佔比 5%= 總發行股數 10,000,000 股

> 總發行股數 10,000,000- 原實際總股份 1,500,000= 應增加發行股數 8,500,000 股

天啊！原本股份總數只有 1,500,000 股，還要增發 8,500,000 股，給編號 1 至 6 的股東。以編號 1 股東為例，試算要增加的股數是多少？

> 總發行股數 10,000,000 X 預期佔比 31.35%- 實際股數 330,000= 增加股數 2,805,000 股

每個計算出來之後，就會跑出增加股數那一欄位的股數數據。這個時候，我們就要決定出資的金額了，若是每一元認購 1 千股，可能需要再投入 8,500 元做本次的增資，後來我們就決定 1 元來認購 10 萬股，每一個小數點後的位數全部無條件進位，最後就是「新增出資」那一個欄位的數據了。

因此也可以據此計算出調整後的投資成本、股份數及佔比。雖說花了一些小錢，至少將佔比弄對了，原本的每股認購價格也有點變動，但至少無傷大雅。不會因為小小的錯誤問題，讓編號 7 的股東瞬間變成 33.33% 的大股東。而這裡使用的方法，正是利用無面額股，來重新調整股權比例。

運算符合預期的表格

編號	實際情況	預期情況	運算增資數據		調整後結論		
	股份數	佔比	增加股數	新增出資	投資成本	股份數	佔比
1	330,000	31.35%	2,805,000	29.00	330,029	3,135,000	31.35%
2	210,000	19.95%	1,785,000	18.00	210,000	1,995,000	19.95%
3	210,000	19.95%	1,785,000	18.00	210,000	1,995,000	19.95%
4	210,000	19.95%	1,785,000	18.00	210,000	1,995,000	19.95%
5	20,000	1.90%	170,000	2.00	20,002	190,000	1.90%
6	20,000	1.90%	170,000	2.00	20,002	190,000	1.90%
7	500,000	5.00%	-	-	500,000	500,000	5.00
合計	1,500,000	100.00%	8,500,000	87	1,500,087	10,000,000	100.00%

Bryan 律師法律提醒

- 其實與其說無面額股制度是在解決公司技術出資的問題，不如說是提供創業者在說服投資人之後，一種新的分配公司價值比例的方式。

- 讓投資人與創業者都滿意的，就是價格低又不會發生（技術出資原本會發生）稅賦的方式。

- 創業家理解原理邏輯後，複雜的股權規劃還是建議找專業人士處理，確實避免未來稅務風險。

第四章

勞務入股：
股權激勵的合法策略

- 規劃員工股份制度時，可能會遇到的稅賦問題。
- 給員工股份，該以哪些方式管理股權制度才有利創業。

創業者會遇到什麼問題？

Bill 雖然開業時便估列了 600 萬作為公司營運第一年內之員工薪資，不過因為公司發展狀況良好，也為了開發系統新功能、新市場，所以決定擴大招募增聘員工。

Bill 希望能激勵員工努力工作，因為這些優秀員工其實是放棄其他穩定的工作機會，選擇微硬這個新創公司，因此 Bill 暗自決心，除了現金薪資不要與其他公司落差太大外，他希望能用微硬公司的股份作為薪資替代及績效激勵設計的獎金，讓員工也能分享到公司的價值成長。

同時 Bill 也可以省得對投資人募更多現金作為薪資資金增加的準備，一舉二得。

不過，如何順利完成上述目的，又能合法登記股份？

4-1

在台灣找出合法的勞務入股機制

現行公司法對勞務入股採取的是禁止的方式。

問題是現在的時代，已經不是工業時代，不是只靠產出多少產品而有多少財富。

現在的時代是共享經濟的時代，也是知識經濟的時代，靠的是快速整合現有數量爆炸的知識，找出利基點，才有辦法創造價值。

> *所以現在的勞務入股，其實是一種創造價值最好的方式，以前不被人重視的 know-how 技術，因為技術在人身上，若是無法移轉給他人，現在能不能拿來作為勞務入股的標的呢？*

當然現行的公司法禁止勞務入股，但是前面章節，已經有說到「以債作股」，如果遵循法律的方式，可以先創造出債權債務，再用以債作股變成股份，也是一種解決問題的方式。

透過先由服務提供者對公司提供完勞務，創造出公司的「債務」，再將這個債務以債作股變成股份。這種做法符合我們台灣的現行法律環境，但也讓創業者可以進一步討論，如何做股權激勵。

4-2

「讓利」，幫同事加薪來增加公司的獲利

在進入複雜的法律規定前，讓筆者先從一個早餐店的開店故事講起。

曾經，我家樓下有一個早餐店在賣早餐，他的特色商品是用烤肉的方式，來製作美味的三明治。

但是老闆夫婦倆仍在學習怎麼製作好吃的早餐，學習如何經營早餐店。後來這家早餐店就沒有繼續營運了，當然我也就沒有把它放在心上。

過了 3 年之後，有一位客戶來找我，原來就是早年在我們家樓下的這一家早餐店，在寒暄了一陣子之後，老闆跟我請教經營早餐店稅務的問題。他說他被國稅局輔導，要從小規模轉開發票，我給他幾個好建議，讓他一定要學著開發票。

在聊天的過程中，我發現這個老闆是個很厲害的人。他透過早餐的口味開發，做出一套美味的早餐套餐，讓路過的上班族可以拿了就走，價格非常實惠，CP 值也很高，所以導致他搬到這個新的點之後，營業的狀況就一直往好的地方發展。

這家早餐店，現在的狀況是老闆就是股東，老闆認真工作、認真指揮，及認真與員工討論如何運作這個早餐店，老闆管理早餐店的業務、財務、人事及物料供應，吸引客戶來店裡買早餐，等店裡員工做出早餐來收到錢，提供早餐給顧客，而完成獲利的方式。

這個早餐店有營收，有各種成本費用，結算出獲利之後，分配給股東（就是目前這位老闆）。

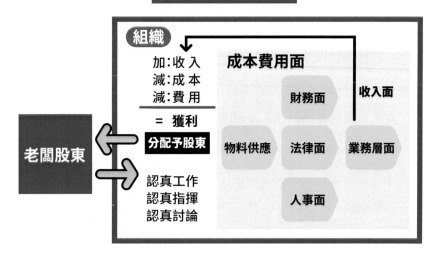

獨資組織的運作概念圖

4-2-1 給好的同事營運授權，能讓組織運作上天堂

在聊天的過程中，突然話鋒一轉，聊到店舖的經營，他說早餐其實是一個不好經營的區塊，因為店舖的營運要很早，店舖營運的人員需要比較早起床，也因為這個門檻，導致同事不容易找。

他在展店的過程中，常常遇到這個留不住人的問題，也找不到解決辦法。

在聊天的過程中，我可以理解到一個老闆的心情，老闆如果找到一個同事用行情價來付薪水，似乎並沒有什麼不對。但這樣子的想法，

比較難以找到一個好同事。什麼是一個好同事的定義呢？能力好嗎？勤快嗎？還是你叫這個同事去做的事他都好好聽話去做？怎樣才是好的同事呢？

如果一個老闆，想要找到好的同事，其實應該要自己先變成好的老闆，才有辦法找到好的同事。

常常看到很多老闆，都認為自己很厲害，同事都要聽你的，所以不論你有多少同事，就只有一個老闆的腦袋在轉。這樣子是對還是錯呢？

如果老闆請了很多同事，應該要用同事的想法，讓公司的營運變得更好。可是身為一個老闆如何能肚大容得下每個同事的不同意見？一個老闆怎麼讓同事心服口服的幫公司，試著讓線上的同事承擔一些不是他職務範圍該承擔的事情？

重點會是，你這個老闆夠不夠好，有沒有尊重你的同事，會不會把同事放在心上，讓人家認同你「以人為本」管理方式。或者更具體的說，願意授權給你的同事。

> **而願意授權給同事的老闆，同時也要提供同事相應薪水福利，這兩者之間一定要取得平衡。**

一個好的老闆，是捨得付出的，不論是薪水還是福利待遇。如果好的老闆提出好的薪水跟福利待遇。這樣子才有辦法吸引到更好的同事，利用好的薪水跟福利待遇，才有辦法用強汰弱，如果你對同事好，他可以幫你承擔公司的營運，而且是讓他自己打從心底願意幫你承擔。

在展店的過程，這個早餐店老闆深刻體會上面的用人哲學。我建議他如果正的走不通，何不反著來呢？如果你現在不給好的同事加薪，你是走不通的，何不反過來認真地幫同事加薪呢？

4-2-2 讓同事分潤，比比看誰吃虧、誰佔便宜？

我建議他身為一個老闆，你要讓同事幫你承擔你公司的營運工作，由你來出全部營運的資金。如果你展的店，找一個店長幫你顧店，如果你跟他談一談分潤的機制，當作他的獎金，店長及團隊可以分該店的營運獲利六成，投資人分潤四成，所有的店面控管的工作，有店長及團隊一力承擔，你只要相對應投資所有開店的錢，還有營運的週轉金。

這樣子的投資條件，你覺得誰拿的多，誰拿的少呢？

這個老闆實在很精明。馬上就想到我要跟他分享的點。他說這個真的是好的建議啊！因為如果照這個規則走下來的話，店長有分潤的機制，分的還不少，店長應該會認真的幫他顧店，等於老闆升級了一個店長，讓他變成這個店的老闆了。

老闆還不用出任何額外的錢，店長分的也是公司賺到的錢，店長薪

水領的比較多了就會衷心感謝老闆。

這家早餐店，現在的狀況是股東有許多，老闆只是其中一位股東，大家約定好一些股東負責經營，負責經營的股東負責認真工作、認真指揮，及認真與其員工討論如何運作這個早餐店。

老闆只出錢卻不出時間。而這個早餐店有營收，扣掉各種成本費用，結算出獲利之後，分配給股東們及老闆。

有經營權的運作概念圖

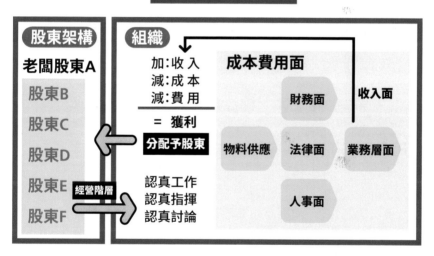

對老闆來說，老闆有很多開店的「Know-How」，老闆只要把條件設定的對，開店就有辦法賺錢。

但是老闆的一天還是只有 24 個小時，跟一般的同事是一樣的，老闆不可能每間店都去顧店，沒辦法不眠不休的工作。所以一定要用到同事去幫忙處理顧店的問題。

問題是，顧店可以隨便顧，顧店也可以很認真顧，如果隨便顧，營業收入也不會增加，同事也不會因為認真顧店，而增長收入。

如果認真的顧店，就會願意仔細去研究，想辦法去找到增加營收的方法。

> **但是當然也要能夠將公司的獲利，和同事的努力掛勾，這樣才有辦法找到一個團隊，願意幫你承擔店的成敗的團隊。**

4-2-3 忙老闆、閒老闆，誰比較會賺錢？

有的老闆很精明，你可能在想，如果這樣做下去的話，老闆不就少賺了嗎？

如果老闆這樣想，其實是沒有想到另外一個重要的點。

老闆在這一家店是少賺了沒錯，但是老闆在這一家店賺到的，是有「錢」又有「閒」。

老闆可以把他的時間，拿來規劃下一家店，下下一家店，可以規劃很多店。如果老闆把他的時間都拿來規劃，很多賺錢的店，每一間店都可以透過分潤的機制，幫老闆賺到四成的分潤，如果每家店都拿到四成分潤，其實老闆是躺著賺的。

透過幫店長加薪，而且不只是有侷限的加薪，還是讓店長入股的概念，讓店長幫你承擔整體店面的維運工作，反而讓老闆可以不投入時間，去創造更大的效益。

聰明的老闆如您，您會想怎麼做呢？

每次跟人聊聊的過程中，提起這個問題：「請問您覺得忙老闆比較會賺錢，還是閒老闆比較會為公司賺錢呢？」

大部分的人都回答，閒老闆比較能為公司賺錢。為什麼閒老闆比較能夠幫公司賺錢呢？大部分人都會認為，因為閒老闆先把問題想清楚，也都解決了，所以公司才能獲利。

在我執業的經驗中，體會到一件事，閒老闆跟忙老闆，對自己的認知及假設不太一樣。

1. 通常厲害的人，認為自己能力很強的人，會變成一個忙老闆。
2. 通常認為自己不厲害的人，需要人家幫忙的人，才有辦法變成一個閒老闆。

但是，反而閒老闆比較會賺錢？為什麼只是一個不同的假設，會有這麼大的落差呢？

當你認為自己的能力很強，自己很厲害，你就會跳到局裡面去做事，做了事之後，由於事情比較忙碌，焦點就會放在把眼前的事情做好，無法把眼光放遠跳到比較高階的地方，去評估整個局缺什麼東西。

認為自己很厲害的人，也會認為別人無法比他更厲害，所以對自己做事的能力非常的認同，有一定的自信心。甚至認為我做只要一下下，要求別人做卻要花更多的時間。

所以到最後，能力強的人會把事情通通撿來做。

但是，一個組織如果最上層的人，撿下面的人的事來做，下面的人也撿更下面的人的東西來做，最後這個組織最下層的人就會變成不知道要做什麼，事情都被上層的人做了，到最後下層的人只能裝忙。

整個組織會因為有裝忙的文化，大家都只會做自己會做的事情，而不會挑戰自己不會做的事情。

自認為很強的人也會有個誤區，就是只認為自己是最對的。當別人做了一件事，偏誤的領導者，就會站在批評的角度，說怎麼改進比較好，所以不論其他同事做了什麼事，永遠是會被批評的，領導者永遠覺得他做的比你好，久了之後，同事們永遠不會想為公司承擔什麼，只會想問問領導者，他想怎麼做這件事。

忙老闆自己做事的習慣，如果變成組織文化，就會成為一種困擾。

但是反過來說，如果領導者認為自己不見得很厲害，需要團隊的幫助才有辦法做事，這樣子的領導者，就會試著去透過團隊幫助，來完成每一件事情。

閒老闆類型的領導者，在團隊的最上層，會試著引導團隊去做事。領導者自己則會給自己挑戰，去做超出自己範圍能力以外的事情，領

導者做一些有遠見、想要改變一些狀況的事情時，就會無法顧及組織內部的工作。

這個時候，領導者下面的人，必需要幫忙團隊補位，因此領導者下面的人，就會試圖幫領導者把工作做完，更下層的人就會往上補位做更上層的事，到了最低層除了自己要會做完自己的工作以外，還要做上層交代的工作。

整體而言，每一個組織的人的能力，都因此而往上提升了，每個人能力更強大了，因為每個人都在試著做上面的事，或者每個人都在試著做自己不會的事。

這樣的領導者比較會去欣賞同事的特點，當同事完成一件事，他們會儘力欣賞同事完成的工作結論，試著正面樂觀的看看好的方向，給其他同事執行工作的信心，同事有了鼓勵，就會更有向心力，想更加想要為組織承擔點東西。

閒老闆這樣形成組織的文化，就會是一個很棒的組織。

4-2-4 好的組織，可以看看老闆會不會讓利給比自己厲害的人

從一個組織的運作中，我們看看老闆會不會用比自己厲害的人，就可以看得出這個團隊的潛力。

如果老闆認為自己能力很強，老闆就會去叫下面人做事，不見得會給部屬空間、時間摸索，只會想要部屬去依老闆的方式做事。這時候，即使老闆找到比自己厲害的人進團隊，這樣的人，也無法留著下來為老闆所用。整個團隊的運作大概只有那一個很強的人在用腦袋，假設這個團隊有 40 個人，大概只會用老闆的腦袋在思考。

如果老闆是「依賴團隊」，希望團隊跟你一起成長的老闆，就會留空間給部屬時間成長，久而久之這樣的生態，就會變成比老闆強的人，都有辦法留下來，在組織裡面整個團隊的人都會試著思考，怎麼讓這個組織能夠更好。

假設這個團隊有 40 個人，如果每個人的腦袋都能運轉，因為每個人都在動腦想想這個團隊怎麼樣運作會更好。

這樣子涉及團隊的領導文化跟組織文化，會影響這個團隊的競爭力。

當然，這不是憑空就能做到，在依賴團隊的同時，老闆也要懂得讓利，甚至讓員工也成為股東的角色。

4-3

如何利用股票，換取員工能力的價值

有時看到國外新創團隊，跟國內的新創公司，常常有很多有趣的不同點。從股權結構來看的話，國外的新創團隊常是團隊持股佔比 7 到 8 成，國內的新創公司常見的是老闆佔股 7 到 8 成。

這樣子的股權結構，有什麼問題呢？

如果有開放員工認股持股的公司，跟沒有開放員工認股持股的公司，有什麼差別嗎？

我想最大的差別就是，開放員工認股持股的公司，更有機會得到員工的認同。有開放讓員工花錢認購股票跟沒有開放，最大的差別應該是老闆有沒有遠見，讓公司賺的錢，老闆跟員工一起透過股權的力量，分享獲利。

問題是開放了讓員工可以花錢認股，員工就會認真認股嗎？

4-3-1 員工願意認股，代表團隊也認同商業計畫

當員工願意認真的認股份的時候，甚至於搶著要認股的時候，代表了什麼呢？是不是代表員工也認同，公司正在進行的真實商業計畫，認為公司的計畫可以得到實踐落實。

實務上常常跟中小企業的老闆，討論股權規畫，老闆們常覺得員工會敬股票而遠之。這是一種心態的問題，老闆有沒有真誠的認為，讓

員工認股，是將好的東西讓員工分享，還是要硬塞不好的東西，逼員工來認股。實務上常遇到的是後者。

老闆有沒有辦法將員工變成跟家人一樣，不要自私自利，照顧同事，考驗著老闆的肚量，及做人的修為。

最了解公司運作的，其實是公司的員工，若員工也認同這份商業計畫，當然員工就會投資。

若新創公司大部分的投資人是員工，而且團隊佔比達到 7 到 8 成，那這個新創公司可能有很大的機會可以獲得成功。

4-3-2 你的員工同事願意為你承擔嗎？

公司的員工同事如何能夠幫公司承擔責任呢？

有些人會說，找人來承擔工作（被動要求）就好了。先定義一下，這裡討論的承擔，是那一種用心的承擔（主動承擔），不是有做就好了的那種承擔。

曾經有個新創公司架網路平台，有個假日伺服器出狀況了，最緊張的居然是公司的老闆，老闆緊急找了工程師來處理。

最後雖然工程師也有處理好，但這個模式好像不太對，因為這個模式是沒有人幫忙承擔的模式。

另一種方式是，有個假日伺服器出狀況了，老闆根本不需要管到這

件事，工程師自己會將伺服器處理好，雖然事情仍舊會發生，但是有人是用團隊的力量來承擔做事業，有人卻是用自己的力量來承擔做事業。

如果你是投資人，你會比較想要投資那一種事業？

4-3-3 用公司股權付薪水，員工願意領股票嗎？

公司股權能不能拿來發薪水，這個問題本書已經在前面的章節說明過了，我想答案會是肯定的。

雖然公司資本三原則下，禁止用勞務出資作為公司的資本，會有侵蝕股東權益及債權人權益之虞。但是這樣子的思維，早就是工廠時代的思維模式，現在已經進入知識經濟時代，現在的時代已經是人力的服務價值，比產品的提供效用還要大很多，所以禁止勞務出資這樣子的思維，應該要被改變。

而在現行法規下，筆者會在後面跟大家解釋，如何解決勞務入股的問題。

我們這邊要先討論的則是，使用勞務出資，作為發放股權的基礎，會有什麼樣的營運效果。

西方社會已經找到了勞務出資的處理方法。這樣子的文化差異體現在勞動力的使用上。舉例來說，如果一個職位是台幣 5 萬元的職務，在台灣找到適當員工人選之後，台灣的新創公司就會想要跟來找工作

的員工商量一下，因為台灣公司的營運困難，所以希望薪水能夠付少一點。

在國外的公司反而會認為，同樣的價格，這樣子的員工可以去運作良好的公司，卻委曲來我們這家小公司，這麼優秀的人才讓我們聘用真是三生有幸。於是在外國老闆願意把餅做大，願意給員工的核定薪水是 7 萬。

這時候多給的不僅是現金，而是現金跟股票的混合。例如這家公司可能會跟新進的員工商量一下，詢問員工需要多少錢來生活，例如生活必需的金錢是 4 萬。可能公司會給 7 萬薪水，那生活需要 4 萬現金，其中 3 萬就會是發股票。

當然，領股票的員工，也會去思考，他到底要不要領股票呢？ 會不會領現金好一點？

這個時候老闆也需要有一些作為。首先，這樣的制度也確實會考驗老闆的氣度與誠信。如果老闆的行為與誠信，無法讓員工覺得他說到會做到，那員工何必相信老闆？當然員工也就會不願意領股票囉。如果老闆平常誠信還可以，說話還會算話，那麼員工當然比較願意相信老闆，願意領取股票。

這套領股票的制度，在國外，特別在美國矽谷是很好的制度，可是台灣人比較保守，比較無法相信未上市的股票可以換成錢。某些程度來說，這個制度的推廣，跟信任有點關係。

但也不只是純粹的信任關係。

員工若有認股有領股票，當然他的需求就會跟股東一樣，有需要變現的需求，如果不看好手頭上的股票，當然會想要拋售股票，如果看好股票的未來漲價，才會想要保留手上的持股。

這個時候老闆有沒有辦法做「造市者」，也就是老闆有沒有辦法引薦對公司股票有興趣的人，想要買公司股票的投資人，給予公司中想要賣股票的員工，雙方來做做交易。

投資人買股票，員工賣股票，老闆純介紹，也算是促成交易。如果員工賣得成股票，員工也會覺得這股票很棒，對公司股票的信心更強了，未來更願意領公司股票。也願意為了讓公司股票增值，更為公司營運賣力。

對投資者來說，對公司有信心，也看好公司的未來，那麼能夠變成股東，就能夠讓更多人認同公司的股票價值。

對公司來說，或許這一輪是 3 元，下一輪可能打算是要認一輪增資 5 元，這個時候若投資者只有出 3.5 元，也等不到下一輪，這時候促成員工拿股票來做這筆交易就很好。

這個方法比較困難的，是如何形塑認股的氛圍。當然買賣雙方都需要轉介及認識，避免踩到法律上不特定人認股，需要受到證券交易法管制的問題。

4-3-4 領股票的員工,對公司態度有無不同?

領股票的員工,對公司的心態有沒有不同?

其實落差會很大,領現金的員工可能隨時可以拍拍屁股一走了之,對公司不見得會有很強的向心力。

可是領股票的員工對公司的心態,會有很大的不同,因為透過某些機制員工領到了股票,有可能改變成為公司老闆心態。如果不會這麼強烈把自己當老闆的話,至少會認為自己跟公司所有人坐在同一條船上。

> *因為公司賺多少,員工就會跟著領多少,公司股票漲多少,員工股份也跟著漲價。*

並且公司可以透過股票來做股權激勵,會讓員工表現得比領固定的死薪水,還要好很多。

有時候股票也只是股票,股票本身只是一張紙而已。

> *但是因為股票印出來就可以換東西,股票背後表彰的價值,也是公司創造出來的價值。*

公司有這個強大的工具，可以印出來，用股票換到很多有價值的東西，可以幫助公司成長的更大。

4-3-5 領股票並非沒有邊際，而是看 長期創造價值的能力

有些人也會質疑一個問題，如果所有想要的東西，都拿股票來發來換，那個就是一個很好沒有限制的工具嗎？

其實拿股票換東西，也是有一定的限制。

簡單的思考這個問題，如果我們換入一個東西之前，這個公司的 EPS 是 2 元，理論上換入這一個東西之後，公司應該換了更划算的東西。換句話說，公司出少少的股權，換入更有價值的東西，所以公司因為多了很多價值，所以公司的 EPS 應該要比 2 元多更多。

如果換入之後隔年的報表，公司的 EPS 真的比 2 元多，至少代表公司的換入決策是正確的。

如果換入東西之後，隔年公司的 EPS 反而是下降的，那這個時候投資人就要思考，公司換入的東西是不是太過浮濫了，還是價值還沒有浮現出來。

創業公司如何規劃「股權激勵計畫」？

4-4-1 願意投資團隊，讓團隊未來佔股四成的老闆

曾經有個老闆問我一個問題，這個問題是，能不能他現在投入 1,000 萬的投資，由於事業剛投資成立，會不會穩定？會不會成功？老闆會認為很難在事前確定。

一年後若這個事業穩定了，並且事業成長上軌道之後，他讓他的經營團隊變成股東，讓他們佔四成的股份。

這老闆就問我說，是不是這個 1,000 萬元的投資，將其中的股份轉 400 萬給團隊就完成了。

在思考這個問題之前，我們要先釐清一個問題：如果你只認為錢才是資本的話，那你會認為上述的答案是對的。

如果照上述的答案，1,000 萬元的投資，將其中的股份轉 400 萬給團隊就完成了。

但是仔細一想，這樣子對投資這個 1,000 萬元的老闆，實在太傷荷包了。因為投資的 1,000 萬元，1 年後公司做起來，也不是只有價值 1,000 萬元，再怎麼樣 1 年前投入的 1,000 萬元只是錢，1 年後先不論賺不賺錢，至少這一個組織的運作都沒有問題，也上軌道了，這樣子的價值，其實不只當初純粹的一千萬鈔票，因為換來的是另外一種形式的價值。

投資股東移轉四成股份給經營團隊的股權規畫表

	增資前				理由	股權移轉			增資後			
	股數	股價	股數	持股比例	說明	股數	股價	股數	股數	股價	股數	持股比例
A	10,000,000	1	10,000,000	100.00%	股權移轉	-4,000,000	1.0000	-4,000,000	6,000,000	1	6,000,000	60.00%
B	0	1	0	0.00%	股權移轉	4,000,000	1.0000	4,000,000	4,000,000	1	4,000,000	40.00%
C	0	1	0	0.00%					0	1	0	0.00%
D	0	1	0	0.00%					0	1	0	0.00%
E	0	1	0	0.00%					0	1	0	0.00%
F	0		0	0.00%					0		0	0.00%
合計	10,000,000		10,000,000	100.00%		0		0	10,000,000		10,000,000	100.00%

為了要成就整個團隊的需求，就轉讓其中四成給團隊，自己自砍四成將股票換成現金，換句話說，未來的成長增值，都放棄放入自己的口袋，以這種方式成就他人，真是佛心來著。

4-4-2 心力可以作價嗎？勞務「增資」的思考

如果投入的心力時間，可以變成是一種資源的話，這種資源能不能被作價？

表現在法律文件下。其實答案是可以的。投入的心力時間，能夠被衡量的方式就是「薪資」。

換句話說 1 年前的 1,000 萬元鈔票，透過這 1 年時間，投入的勞力時間心力，變成 1 年後更有價值的現在狀況。

最大的差別，其實是中間投入這一年的勞力時間費用，這一年的勞力時間心力，可不可以把它變成一種加值的形式，加值到這個組織裡面來呢？

1,000 萬元 /60% = 整體估值 1,667 萬元

整體估值 1,667 萬元 - 1,000 萬元 = 勞力時間心力的價值 667 萬元

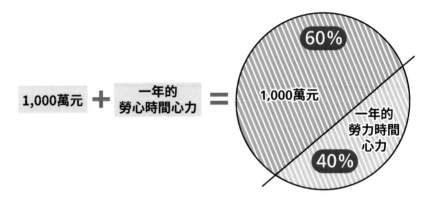

換句話說，投入勞力、時間、心力的團隊，多領得 667 萬元的股票，就是用他們自己勞務所創造出來的價值。

用這個方法思考的話，原始投一千萬的股東，就不需要砍自己的出資四成給團隊。團隊也有辦法靠自己把價值做出來，並且把餅做大。

以薪資勞務作為增資四成的股權規劃表

	增資前				理由	新股東增資			增資後			
	股數	股價	股數	持股比例	說明	股數	股價	股數	股數	股價	股數	持股比例
A	10,000,000	1	10,000,000	100.00%					10,000,000	1	10,000,000	60.00%
B	0	1	0	0.00%	勞務入股	6,666,667	1.0000	6,666,667	6,666,667	1	6,666,667	40.00%
C	0	1	0	0.00%					0	1	0	0.00%
D	0	1	0	0.00%					0	1	0	0.00%
E	0	1	0	0.00%					0	1	0	0.00%
F	0			0.00%					0		0	0.00%
合計	10,000,000		10,000,000	100.00%		6,666,667		6,666,667	16,666,667		16,666,667	100.00%

4-4-3 初創公司，可以更靈活的規劃股權

　　公開發行公司的增資，是以現金為原則，其他財產作價的方式為例外。未上市公司的增資則無此一限制，相較於公開發行以上的公司，「未上市公司」的股權因為增資的項目可以比較多元，也比較靈活。

　　有些公司的股權激勵計畫則是比較傳統的，諸如股票選擇權制度、員工分紅入股計畫，和員工發行新股認購權。

　　股票選擇權計畫，是公司預先與員工訂定一個認股價格，假設此價格是 20 元，合約訂定可於訂約後一年，可以 20 元認購股份，由於經過一年後，公司的股價來到 28 元，可以認購股份，於是員工認同以 20 元認購股份，並在市場上用每股 28 元賣出。

　　員工分紅入股計劃，則是當公司有盈餘的時候，分配股金給股東時，可以分配一部分給員工作為獎勵員工的酬勞，這部分可以是現金，也可以是股票。如果是股票的時候，我們稱為員工分紅入股計畫。但此計劃發多發少，還是取決於公司的盈餘。

　　另外是公司發行新股的時候，依法也要保留一部分讓員工得以認股，這樣的做法稱為員工發行新股認購權。

　　但本書這邊提到的「勞務入股」，則是除了上述方法外，其實也可以利用增的方式，讓員工的勞務，成為公司資本的一部分。這樣更直接，也更有激勵員工的效果。在台灣現行法規，則可以利用「以債作股」的方式來合法的達成。

4-4-4 在台灣法規下，要避免的股權激勵方法

由於傳統股權激勵計畫，有時候是老闆想出來的奇招，有時候是神來一筆，有很多其實是走在法律的灰色地帶（不怎麼合法的手段，又不想承認違法，只好說是灰色地帶）。

曾經見過一個案例是，老闆要幫員工入股 20% 股份，老闆沒有「勞務入股作價」的合法概念，也知道勞務入股在公司法上是禁止的。

老闆這時候居然神來一筆，由老闆出錢做現金增資，增資之後直接登記為員工的名字，老闆事後為了這個神來一筆，沾沾自喜。

問題是這樣子由老闆出錢，增資後的股份直接登記為員工的名字，這個行為符合「贈與」的規定，若超過贈與稅的免稅額，有可能是需要額外課徵贈與稅的！這個時候這個神來一筆，就會有法律風險以及稅務風險。

另外有一種方式是國外常見的方式，稱為「期權池 Option Pool」。期權池是專為員工未來認股需求保留的股票部位，但這部份在台灣的法規，並沒有辦法執行。由於期權池發行的股份是一種無記名的股票，台灣的現行公司法，公司發行新股一定是有個認購的股東，故台灣現行法不能發行無記名的股票。

偶爾會見到部分台灣新創團隊硬要施行期權池的做法，找個人頭（通常是董事或負責人），用借名登記的方法，來做出期權池。這種做法是有問題的。募資是一種動態的行為，募資的股價也會有高有低，若

一股 2 元用期權值發行出來的股票，採用借名登記在董事長名下，若未來股價上漲到 10 元時，董事長要將股票轉讓給員工，這時候股價的價差就是一個很必然要被顧慮的問題。

若董事長用 10 元用對價轉讓給員工，那等同於董事長賺了 8 元的價差。若用無償的方式送給員工，那董事長就會被課贈與稅。掛在董事長名下還有可能會有董事長侵佔股票的問題。

比較好的規劃方式，還是回歸到當下需要多少股票，即用現行的股價來做為增資的金額，才不會產生嗣後股價的問題，或嗣後產生無法處理價差的困擾。

> *即是待需要提供股票給員工時，才用當時候的股價作為增資的價格，採用勞務入股，做為增資的方法，才是比較好的處理方式。*

4-5

如何利用股票，換取員工能力的價值

4-5-1 A 股與 B 股

當老闆、員工都願意採用勞務入股的增資方法，接下來會遇到的問題，就是其他股東是否也願意呢？會不會覺得員工勞務入股，稀釋了股東的股權，反而不公平呢？

「有家」公司案例：「有家」公司對於每年訂定的計畫，都很確實的執行，他們公司按計畫執行及展現達成成果。在募資這件事也一樣，怎麼讓股東及未來的潛在股東，可以重視「有家」公司的執行成果，並且讓股東覺得公司是有價值的，是一件很重要的事。

他們在執行報酬的部分，也決定利用勞務入股，讓勞務可以作為股份被「有家」公司發行，但是他們實在很怕「有家」公司一下子被很多有興趣的人投資，讓「有家」公司的經營權被搶走，於是創業者來詢問筆者，是否有比較好的解決方法？

一家新創公司需要做一個事業，不能只用一種資源，通常需要的資源有很多。而資源的類型很多，是否都可以在同一種股權中被公平的分配呢？

股權的概念，其實也可以簡單區分成兩種：
1. 一種是以資源的投入來計算價值的股份（簡稱 A 股）。

2. 另一種是以執行的勞務價值，當作投入計算的股份（簡稱 B 股）。

這種資源配置的方式是國外常見的，又稱為雙層股權結構的股權設計。這種股權設計方式普遍為美國的大型公司所採用。

☰ NOTE

可進一步參考：黃耀文，新創公司股權結構與募資，Wayne 韋恩筆記，http://dr.waynehuang.cc/2014/09/startup-valuation-common-preferred-shares.html

	A 類股	B 類股
價值計算基礎	以資源的投入計算價值	以執行勞務價值投入計算
核心概念	財產作價、現金出資、技術出資	勞務作價
效果差異	投入時即變成公司的資產	人才資源寶貴，需要正確決策及持續運作時間累積價值
衡量資源價值的方式	投入時資源的價值（價格）	重時間效益 隨時間經過公司價值的增值
正確歸咎責任公司清算分配	出資源而不經營責任較低 A 股優先 B 股分配剩餘資源（優先清償權）	營運失敗責任高 列後分配剩餘資源
營運主導權	出資源而不經營	享經營權營運自主權 可採用特定事項否決權（某些事項拒絕權利） 股東的複數表決權（一股十個投票權） 發行一定當選董事席次名額的特別股

4-5-2 雙層股權架構的規劃方法

A 股與 B 股的成效，最大的差別是：

1. A 股投入時即時變成公司的資產。

2. B 股需要時間持續累積。

B 股慢慢增加執行的成效，才能變成公司價值。

某些公司是資產型的公司，需要大規模的資源投入，這時候 A 類股就很重要。

某些公司是服務型的公司，需要人提供高品質的服務，提供服務在人，這時候 B 類股就很重要。

A 類股適合產業包括建設業，製造業，租賃業中買入資產出租的行業。

B 類股的適合產業包括服務業，人力仲介業，租賃業中租賃資產再出租的行業。

回到前面「有家」公司案例，筆者會提供這樣的建議。

透過解釋，我讓「有家」公司的董事們了解「雙層股權結構」，這時候我建議他們採用雙層股權結構的規畫方式。資源投入為基礎的 A 類股以特別股發行，此類特別股有優先清償權及保證累積最低股息，其他條件與普通股同。

以執行勞務為價值的 B 類股，可以針對中高階管理者發行普通股，亦可以針對高階管理者另外發行對特定事項有否決權，及保證當選董事的特別股。

這樣子針對高階管理者發行的特別股，是為了確保該「有家」公司的經營權會一直留在高階管理者手上。

4-5-3 解決創業家經營權的顧慮

通常創業家會顧慮是否維持並持有經營權，可以將 B 股設定為複數表決權，在股東會的複數表決權股，一股可以代表多個表決權（例如一股十個投票權，或是一股一百萬個表決權）。

這樣子股東會的議案因為複數表決權，就會傾向於有利於維持經營權決議。

亦可以採用特定事項否決權，對事先於公司章程經股東會先同意特別股得主張的權利事項，特別股股東對該特定事項有否決的權利，而且無論持股被稀釋的程度多寡，只要持有這類的特別股就有否決權來主導議事。

亦可以發行一定當選董事席次名額的特別股，來保障創業家對公司掌握經營權。

4-6

勞務資源也可以多次投入增資

曾聽過一個顧問服務的案例。某個團隊協助某家公司做些股權規畫及策略方向的顧問服務，最終協助到後期，這團隊讓這間公司即將要走上資本市場，這公司的老闆為了感謝這個團隊幫他走入資本市場，可能當初有協議，於是就發行了價值三千萬的股票，提供給團隊做報酬。

有些資源是可以多次性投入的，例如資金，可以多輪投入，有些資源可以多輪募資、多次投入。但是上列的顧問報酬，通常是一次性投入，若公司規畫得宜，亦可以多次性投入。怎麼說呢？會有許多朋友卡在這個點，他們想像不出來勞務服務如何多次投入？程序要如何訂定？

其實方法很簡單，就是定期投入辦理「資本額驗資」，看是半年一次，一季一次，二個月一次，或是一個月一次皆可。

有些資源投入會是特別的資源，例如顧問服務，例如介紹願意投資的資金方給創業家，或是有各種不同的人脈功能，能達到創業家創價需求的人脈。這些關鍵的資源，可以以一次性的投入來評估。

有些事業初期投入的資源比較高，後期比較低，勞務投入卻是前後期平均發生。有些事業投入的資源是平均發生，勞務投入卻是前期低、後期高。

若無法公平性衡量兩種資源的投入價值，則無法準確將創造的價值反映在分配給股東的股權價值上，會造成無法讓資源公平分配的弊端，新創事業則無法將價值準確反映在股價上。

資源可以幫助放大執行的效果，但資源的多寡只是個放大係數，價值本身仍來自於執行成果。因此設計股權規畫時，設計不同資源的股份。

並讓主要負責執行的人才，不論能否拿錢來投資公司，都能獲得相當的股份，是一件重要的事。獲得股份在台灣的在地規定，就是一種勞務增資的概念。

Bryan 律師法律提醒

給予員工股權的目的是在激勵員工，但實務上最有效的激勵，永遠是現金。股權只是搭配方案。請務必理解，給予股權就會讓員工也變成股東，公司對於股東有很多義務及後續要注意的事情。

規劃員工股份制度時，別只是節省了前面一點現金，卻引發後面很多麻煩的事情。因此我常說『股份只應發給看得懂（公司商業模式和未來）的員工』。每個員工都發給公司股份，將會是創業者的惡夢。

而員工領股份的思考邏輯是：現在領跟現金同額的股份，未來賣掉會不會拿到更多的現金回來？

因此創業者本身經營公司的方向一定要有前景，公司生意是否火紅而讓股價未來看漲，員工才會想要股份而不要全拿現金。這其實等同創業者是否能說服員工投資你！這常常也是投資人觀察是否進行投資的重點呢！

勞務也能作價,掉在地上的權益就能拿來再利用

有一個創業者,一開始為了風險控管,用獨資商號來創業。等到創業所需要的平台,寫程式變成 APP 完成了之後,已經投入了 500 萬元的現金。後來他發現,用獨資商號創業是不對的,於是乎他就關掉原本的獨資商號,並且改用公司來運作這個平台。

有一天,突然他想到要申請政府的補助,他才發現公司的資本額不夠,因為新的公司資本額才 100 萬元,他很後悔當初做錯決策,並把原來的獨資商號關掉。

由於原本的商號已經被關掉,且他能證明他投入的資金是 500 萬元,我認為這個問題是可以解決的。

因為,這個獨資商號是沒有獨立的法人格,商號的法人格是依附在個人股東身上,於是獨資商號解散清算了之後,剩下的資產所有權,應該是退還給股東。

所以現在這個平台 APP 已經變成個人股東所有。

由於現在會計原則,無法將自製的平台 APP 資本化。所以平台 APP 雖然是一個可以賺錢的資產,但並不是獨資商號帳上的資產。

若這個股東透過使用他自己的資產來做增資,增資的金額是當初投入的等值 500 萬元,或許可以解決前述創業者新公司在商業上評估價

值的問題。

技術上只要使用平台的資產作價（或有論者認為平台比較像是勞務的產出），就有辦法解決這個問題。

實務上常常遇到的問題，創業者在創業的時候沒有想清楚，導致資源分散。

正確的想法是公司的錢公司用，公司的運作與創業家個人獨立開來，問題是常常不是這樣，而是公司的運作與創業家個人混在一起處理，才會有這樣的問題。

創業家在創業的過程中，邊走邊思考，邊經歷邊解決問題，等到回過頭了，才發現很多資源沒有入到公司的報表上，而是放到以自己名義建立的持有關係上，才會用這個方式，試圖讓資源再放到公司。

早期的創業家沒有經驗才會這樣。有經驗的創業者會避免這樣的問題，才能為股東留住價值，並採用公平合理且合法合規的運作方式，公開透明的讓股東了解如何營運，並透過公司來累積價值，才能進一步談論如何為公司創造價值。

以資產增資的股權規劃表

	增資前				理由	新股東增資			增資後			
	股款	股價	股數	持股比例	說明	股數	股價	股數	股款	股價	股數	持股比例
A	1,000,000	1	1,000,000	100.00%	資產增資	5,000,000	1.0000	5,000,000	6,000,000	1	6,000,000	100.00%
B	0	1	0	0.00%					0	1	0	0.00%
C	0	1	0	0.00%					0	1	0	0.00%
D	0	1	0	0.00%					0	1	0	0.00%
E	0	1	0	0.00%					0	1	0	0.00%
F	0			0.00%					0		0	0.00%
合計	1,000,000		1,000,000	100.00%		5,000,000		5,000,000	6,000,000		6,000,000	100.00%

第五章

從兩套帳，看財務控管
對股權結構的重要

- 學到兩套帳實務上的成因及缺點
- 如何改正兩套帳

創業者會遇到什麼問題？

話說投資人史蒂夫投資後，公司經營來到第二年。在公司內部始終有個議題，在 Bill 與 Steve 間激烈討論不下十次，難以決定，那就是：依據微硬公司的主要商業模式，是透過行銷招募消費者參加線上旅行團，而同時雲端廚房就會外送當地特色菜到消費者家裡，提供雙重體驗。

這時關鍵在於，外送車隊是微硬公司自組的機車隊，在台灣各大主要城市派送，消費者有時候會收到餐後付現金給外送人員（即 Cash on delivery，又稱為 COD）。這個部分的收入，由於消費者多半不要求發票，因此 Bill 長期的作法都是由外送人員收齊後，透過公司自己的系統來確認外送人員是否收齊。

這樣也就「省」了發票的營業稅，當然也就順帶「省」了年度的營利事業所得稅。

長期以來，公司內部自然而然發展成「兩套帳」模式：其一是給國稅局的外帳，這本沒有含收現金的部分，獲利較少，其二是公司自行參考的內部帳本，這本自然有含收現的部分，以求確認實際營收。

由於兩套帳差異頗大，內帳對於公司的影響是，看起來獲利較多股東權益也較多，因此 Bill 遲遲難以決定改正。但史蒂夫知道實情之後相當憤怒，認為公司如此行為完全是逃稅，無論股東權益是否小利，堅決要求更正！

5-1

台灣公司習以為常的兩套帳制度

要談股權結構，基礎的架構是什麼呢？如果你能夠用股票換很多東西進來，你可以用股票找很多員工進來，你也能夠透過股東換很多投資人的錢進來。無論如何，找到很多很信賴你的股東，都是一件很棒的事。

但是如果你有很多股東，但是你無法好好交待你怎麼用錢的話，甚至於用假的報表來騙人的話，很多股東就不是一件好事了，甚至很多股東就會變成一個大災難了。

如果遇到這樣的狀況，輕則吵吵鬧鬧，重則上法院背上刑事責任。

無論如何，好的財務控管是找股東必需要先解決的問題，好的帳務品質，以及公司內部控制，也是一個必需要先解決的問題。

從台灣的法律歷史來看的話，台灣的統一發票制度（營業稅法），走的其實比台灣的商業會計法走的早，所以大部分的人都還是習慣用統一發票的制度，來思考會計記帳這檔子事。

5-1-1 台灣以稅制引領商業會計制度

營業稅法是從民國 20 年政府就公布施行，但是商業會計法卻要等到民國 36 年台灣才開始施行。

商業會計法的施行，卻沒有好好的思考如何制定一個制度面可以走

得通，可以落實的商業會計法律實務，卻只用高標準來要求我們的工商社會如何做會計記帳。商業會計法晚了稅制 16 年開始建立，我們的工商社會早就已經習慣了用稅務制度思考會計，所以我們的社會是稅制領導會計的思維模式。

稅制本身是為了要讓政府課稅收集稅源使用的制度，所以台灣實施統一發票制度。政府透過各商家每張發票內含 5% 營業稅去收集稅源。讓商家每兩個月，申報自己開出去的發票，與收到發票的差額，即 (銷項發票含的銷項稅額 5%- 進項發票含的進項稅額 5%= 應納稅額)，去繳納加值型營業稅。

政府的美意是透過發票自動勾稽的功能，藉以減少漏開發票的商家。試著要讓買方都合法取得發票，也讓賣方沒有籍口不開發票，達到每個人都有繳營業稅的課稅目的。

商業會計制度的需求，是記錄真實的商業交易，讓真實的商業交易反應商業真實的財務狀況及經營成果。也讓想要了解公司運作的人，可以透過幾張簡短的財務報表，在短時間即可以了解公司的現況。

問題是當商業會計制度遇到了稅制上的統一發票之後，會發生什麼問題呢？這個問題的答案，就是台灣現在的兩套帳機制。

5-1-2 公司營收不開發票對財務報表的影響

　　實務上，賣東西需要開發票，開了發票收錢之後，公司的財務報表就會記錄收到的錢，並且記錄公司實際的收入，我們會在公司的財務報表做相關的會計紀錄。

　　財報有「資產負債表」及「損益表」，資產負債表記錄資產負債的財務狀況，損益表記錄收入費用支出的獲利狀況。

　　損益表顯示收入及成本費用的金額，並結算出淨利，並且在資產負債表的淨值反應獲利的數字。

　　資產負債表顯示公司的資產、負債及淨值的數據，並且以借貸平衡的方式，來顯示這一套編表的表格是正確的結果。

財務報表基本的介紹

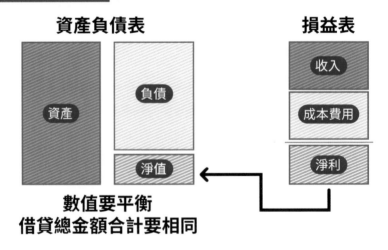

假設我們賣了一批一百萬的貨，收到一百萬的貨款，營收增加了一百萬，也收到現金一百萬元，所以在資產負債表的資產項目，我們增加了一百萬元的現金項目。另外損益表的收入我們也增加了一百萬元的營收，在暫不考慮成本費用的情況下，公司的淨利增加了一百萬元，並且連動到資產負債表的淨利也增加了一百萬元。

　　因此在借方資產增加了現金及淨值，增加了淨利，兩者同額都是一百萬的情況下，資產負債表借貸平衡，因此我們確認這份報表呈現出對的財務狀況，包括獲利一百萬元及資產負債表的財產狀況有資產及獲利。

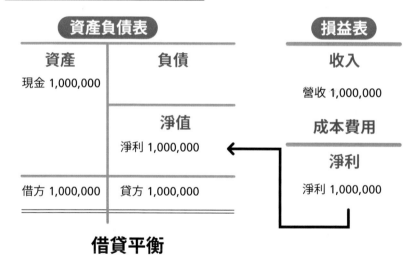

賣 100 萬貨款財務報表呈現方式

資產負債表		損益表
資產	**負債**	**收入**
現金 1,000,000		營收 1,000,000
	淨值	**成本費用**
	淨利 1,000,000	**淨利**
借方 1,000,000	貸方 1,000,000	淨利 1,000,000

借貸平衡

問題是公司若是賺一百萬，這個一百萬需要開立統一發票（對消費者不用打統編，開二聯式發票。對廠商需要打統編，開立三聯式的發票），若是有開發票的話，這筆貨款認列營業收入是沒有問題的。

問題是開發票內含的稅額就需要 5% 的銷項，未來申報營業稅時，就可能會繳到營業稅，開出去的發票，拿到本張發票的廠商也會申報進項，形成勾稽的效果，若開出去的銷項發票沒有申報，國稅局透過電腦系統也會知道沒有申報到發票，會來函補稅加罰款。

由於開出的發票會繳納 5% 的營業稅，這個時候，沒有經驗新手老闆的決策就進入了要付錢的掙扎，在省錢就是賺錢的前提下，要不要開發票呢？

5-1-3 節稅、掩飾違法，是造成兩套帳產生的主要原因

假設老闆決定不開發票的話，請問這筆收入要怎麼做呢？

明明是銷售商品的收入，因為不開發票，導致不能認列為收入，因為只要認列了收入，這筆沒有開發票的收入，很快就會引來國稅局的關注，使國稅局抓到漏開發票的把柄。

因此，這筆收款就無法認列為收入。可是不認列為收入，連帶著淨利也無法認列，貸方就無法出現這一百萬，就會產生借貸不平衡的狀況了，就會破壞帳冊基本的防呆機制。

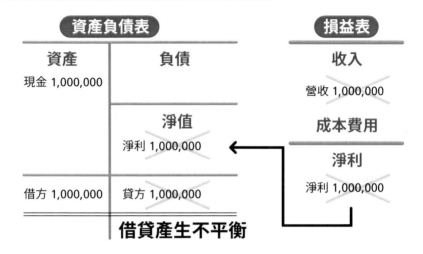

那這筆款項要怎麼在帳冊上做相關的紀錄，就是一個困難的問題。

實務上。若是明確的知道這筆收入沒有開發票，做法會是將這筆營收宣告為股東往來。

問題是明明有收費，還是客戶匯款到公司名下的銀行戶頭，卻因為沒有開發票，所以必需轉而認列為股東往來，其實都是希望將帳務合理化，另一層次的考量就是希望幫忙隱藏公司端沒有開立發票的真實狀況。

所以修正完成的報表，會變成以下的表達狀況。

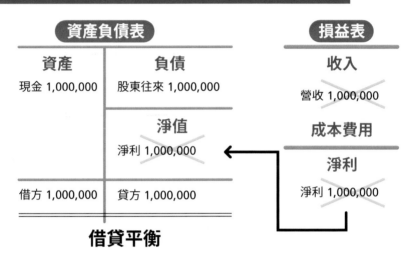

賣 **100** 萬貨款卻不開發票改以股東往來財務報表呈現方式

常此以往的處理方式，會有幾個問題。

問題是這次的交易是偶一為之，還是形成慣例呢？通常漏開發票不繳稅，嘗過一次甜頭之後，就會變成慣犯，就會一直不想開發票，也就不想繳稅了。

所以這樣子的交易不可能會偶一為之，常見的狀況是形成慣例，變成常常不開發票。

5-2

節稅的兩套帳對股東沒有好處

5-2-1 不正規的帳務處理扭曲了財務狀況

這個公司長年習慣不開發票之後，就會產生第二個問題，負債「股東往來」一直在長大，公司變成不開發票而沒有收入的情況下，公司從外觀看到的財務狀況不好，負債很多，負債又常常是單一來源「股東往來」。

公司又不倒負債卻又越來越多，生卻又越做越好。從財務狀況來說，變成公司以借款來度日，不是以真實的營業狀況來度日，這跟真實的狀況差距很大。

財務報表上顯示的負債，也因為漏開發票的金額越來越大，負債也會跟滾雪球似的，越滾越大，收入漏掉因而收入很少，成本費用等支出還是在正常的水準範圍，所以公司的虧損只會一天比一天擴大，甚至有公司淨值虧到變成負數，只靠負債借款度日的情況。虧到最後，為了避免留抵稅額太大，也為了避免虧損持續擴大，最後連進項發票也避免取得，形成公司慢慢的，越做越小。問題卻累積的越來越大。

問題這樣的狀況不是真實的情況，真實的情況，或許只是公司不賺錢剛好打平，或是公司小賺一點點，因為沒有開發票，使收入沒有列到帳上，所以產生虛虧實盈的狀況。

5-2-2 帳務處理人員的法律責任

再者第三個問題，幫忙處理帳務的人員，包括會計師或記帳士的處理人員，這樣子的隱暱真實的狀況，帳務處理人是否違反商業會計法的規定，有無刑事責任？

依照商業會計法第 71 條之規定，公司發生的營收卻記載帳冊為股東往來，應該是符合第一款以明知不實事項而填製會計憑證或記入帳冊。

公司的營收卻不為記錄，應該符合第四款，故意遺漏會計事項不為記錄，致使財務報表發生不實之結果。

處罰的對象，有包括公司負責人、公司會計人員及依法受託代他人處理會計事務之人員，會計師及記帳士也包括在內，所以代為處理之人該當商業會計法第 71 條刑事責任。

≡ NOTE

商業會計法第 71 條：

商業負責人、主辦及經辦會計人員或依法受託代他人處理會計事務之人員有下列情事之一者，處五年以下有期徒刑、拘役或科或併科新臺幣六十萬元以下罰金：

一、以明知為不實之事項，而填製會計憑證或記入帳冊。

二、故意使應保存之會計憑證、會計帳簿報表滅失毀損。

三、偽造或變造會計憑證、會計帳簿報表內容或毀損其頁數。

四、故意遺漏會計事項不為記錄，致使財務報表發生不實之結果。

五、其他利用不正當方法，致使會計事項或財務報表發生不實之結果。

5-2-3 為了節稅去踩到淘空的魔咒

第四個問題，負債「股東往來」一直在長大，遇到這個問題，未來公司的風險會越來越大，會遇到查稅的風險。

如何讓公司查稅的風險更小一點？當公司遇到因為股東往來而被查稅，經驗老道的查核人員，就會知道是因為公司收入一直不開發票，所以才會一直增加股東往來，所以查核的方向，就會往漏開銷售發票來辦理。

問題是這類的方式，往往查不到確實的證據，最後遇到越認真的查稅人員，公司老闆常見的感覺越像在談判要繳多少稅，最後只能付錢了事。

有時候公司的老闆就會思考一下，若這個模式，還要再做下去，需要怎麼減少自己的帳務風險。通常這個結論不會想到要正確的開發票，通常會想到的是另一條路，就是將賣東西的錢，不要放到公司帳戶。

當錢不會放到公司的戶頭的時候，就不需要做股東往來。當錢不需要放到公司戶頭的時候，就不用開發票。當錢不用放到公司戶頭的時候，就會大大降低被查稅的風險。

當做完這個結論之後，問題就來了，因為若賣東西錢不放公司，那麼錢放哪兒？

老實的負責人會拿自己的戶頭給公司放錢，有些人覺得不安心，就會找員工或會計人員的戶頭放錢，腦筋動的比較快的，會找跟自己沒有關係的小三、小四、小五⋯

公司賣東西，錢不放公司的戶頭，會造成多大的困擾呀？

5-2-4 做假帳無法搏取股東的信任

下個問題是，錢若不放公司，怎麼跟股東們交待呢？

當然就做另一套比較正確的帳給股東就好了呀？那在實務上，這另一套比較正確的帳就是內帳，內帳會核對股東到底拿了多少公司的錢放在自己的戶頭，並且會給股東們知道。

這個時候又會延伸出另一個問題，就是股東們會不會相信這一套無憑無據，只憑信任而做出來的內帳帳冊呢？

答案會是信者恆信，不信者恆不信。當你相信股東沒有偷雞摸狗的時候，你就會相信這一套資料的正確性。

若你覺得分盈餘分得少的時候，當你覺得董事會選出來的經營者怪怪的時候，你可能就不會相信這一套資料了。

當股東不信任這份資料的時候，加上又沒有合法的資料可以核對的時候，會發生什麼事？小則股東吵吵鬧鬧，大則用司法檢調相繩，要知道當公司賺錢，公司的錢又沒有放在公司的戶頭，卻放在其他人個人的戶頭，這件事到底算是掏空公司，還是算刑事上的侵佔或是背信，順便將內帳外帳拿到法院庭當證據，算算兩者之間的差異，審查到底有多少錢被放到負責人的口袋，順便作為淘空的證據，況且，還要再花個幾年的時間上法院來吵。

5-2-5 兩套帳到底能將事業做大，還是做小呢？

兩套帳的思維，常見在中小型公司，為了想要節稅，所以不想開發票，就會變成請人來做兩套帳。

兩套帳只是稅務帳，依憑證發票做的帳，不能讓報表表達出公司實務的經營狀況，包括公司有多少資產，公司本季是賺錢是虧錢，還是公司的負債狀況，如果單純用兩套帳的資料的話，上面的問題是無法回答的。

換句話說，這樣子的帳冊制度，其實無法讓認真做事業的創業者，認真的做資料的累積及整理，兩套帳做出來只是應付稅務機關的報表帳冊，無法由財務報表呈現公司真實的狀況。

5-3

想要將事業做大如何處理呢？

5-3-1 搏取股東的信任才有可能做出不一樣的事業

若是創業者想要創業的話，畢竟想要將公司擴增規模，想要建立制度，在這樣子的前題之下，就不可能有所選擇哪一張銷項發票要開或不開，哪一張進項發票要拿或不拿。

在想要建立制度的前題之下，公司才有可能做大，才有可能規模化。因此想要做兩套帳又想要將公司做大，真的會讓人頭很大。

有些人事業年營收一兩億，為了要做兩套帳，所以想讓公司利用書審制度，所以將事業體切成十個公司。這樣子的運作很讓人頭大，光一筆銷售額，要開哪一間公司的發票，都要花時間想想。

光這點就會花很多時間來決定，會產生內耗很嚴重的後果。

做大的事業要透過制度才有辦法用最省的人力，達到處理最多事情的效果。所以兩套帳只能是將事業做小的思維。

5-3-2 兩套帳是每天都在上演的現行實務困境

常見兩套帳的處理方式，只需要依照憑證來記帳，有憑證就記帳，似乎變成會計人員唯一的思考方式。問題是有憑證才記帳這個邏輯對不對？是不是有其他的東西作為記帳的參考來源。

實務上的作法是，有合法的憑證才記帳，透過合法有申報營業稅的憑證，才會拿來做為入帳的依據，有開的銷售發票就會記入銷售額，有拿到打統編的進項發票會做為成本或支出，做完之後，再依據記帳人員的經驗，做合理性的調整，年底再核對公司的銀行餘額，將帳上銀行存款與現金差額調整成一致，調整的對方科目就只能做成股東往來。

只依照憑證登帳這樣子做的方式，其實有很多的問題。照發票登帳會有以下幾種情況發生。

1. 沒收錢就虛假開立的銷項發票。

2. 沒付錢就虛假取得的進項發票。

3. 有收錢卻不開立的銷項發票。

4. 或是有付錢卻不取得的進項發票。

5. 有收錢就合法正確開立的銷項發票。

6. 有付錢合法取得的進項發票。

只有依照發票才會登帳的話，只有看到發票實體的才會登帳，所以虛開銷項發票❶，及合法開立❺，虛假取得進項發票❷，及合法取得❻，才會被登帳。

而有真實交易的金流的❸及❹，卻因為沒有合法憑證的條件下，就無法當作被登帳的標的。

很多的交易沒有憑證來證明交易的發生。真實的交易是有先雙方意思合致訂立契約，有人提供產品及服務，另一方付款，因此稅法上才要求收款方要開立發票或收據給付款方，這個是買賣交易或提供服務的樣態。

但是借貸並沒有辦法有相關的收據或發票，所以單純用合法憑證的入帳的方式，無法完整呈現沒有交易憑證的交易態樣。

透過上面的有憑證才登帳的方式，去掉了許多故意不取得憑證的交易，也去掉了許多本來就沒有憑證的交易，有心人士會利用這種方式，故意隱藏公司真實的營收狀況，及隱暱公司直實的財產狀況。

除了漏開發票會造成營收比較少現象，會有逃漏公司營業稅及營利事業所得稅的查核風險。

5-3-3 透過導入內控制度，才有辦法做好會計帳

依照商業會計法，憑證有分原始憑證跟記帳憑證，交易發生會拿到原始憑證，透過原始憑證去編制記帳憑證，透過記帳憑證去記錄會計的帳冊，這一套才是比較標準的程序。

照這個程序，需要有配套的財務作業，就是請款-審核-放款的流程。

若是會計部門先開放廠商來請款，廠商有交貨拿到驗收單，才按驗收單上實交的項目金額來請款，會計部門拿到廠商來請款的單據，就會審核上面的單據跟驗收的資料是否相符，相符之後，才會排定付款

的程序，按照排定的日期付款。

換句話說先確定可以拿到合法的憑證才會付錢，才會依照付錢的情況付款記帳，有按照這個作業處理的話，就會不產生付款金流與單據不符的情況。

5-3-4 有付錢，但拿到不合法的憑證就不入帳，對嗎？

偶然看到有些人處理公司帳務的原則是，拿不到合法的憑證，這樣的交易就不記錄進公司的帳冊，這樣子的思維邏輯是對的嗎？

首先如果公司有付費，對方有提供產品或服務的話，這筆交易就在公司端發生了，必然是要記入公司帳務的，而不可以單純就拿不到合法憑證，就認為這筆交易無法入帳。

那在帳務端，公司付的這筆錢要怎麼解釋記入帳務上呢？

如果不管交易是否真實的原則，實務慣例上可能就會將付費又沒有拿到憑證，記到股東往來的會計科目，問題是這樣子的作法真的是正確的嗎？

股東沒有幫公司付錢，卻又要多一筆名不符實的借款交易掛在股東名下，根本不符合商業邏輯。

商業會計法特別重視真實原則。沒有真實原則，公司做出來的帳冊

及財務報表，就不可能描繪出真實的公司財務狀況、經營成果及現金流量。

5-3-5 沒有拿到合法憑證怎麼處理帳務

怎麼處理沒有拿到合法憑證的帳務，依照商業會計法第 19 條，原始憑證因事實上限制無法取得，或因意外事故毀損、缺少或滅失者，除依法令規定程序辦理外，應根據事實及金額作成憑證，由商業負責人或其指定人員簽名或蓋章，憑以記帳，並得令經辦及主管該事項之人員，分別或共同證明。

換句話說，只要這筆交易符合真實，經過經手人或負責人證明這筆交易的發生，就可以當作以證明文件憑以記帳。亦即這樣交易的經手人證明文件，等同於帳務上的原始憑證。

按上面的做法，透過交易的經手人證明以證明交易的發生，再憑以記帳，這樣子的做法稅務上是不是跟上面說的，「不入帳」的做法效果一樣呢？

沒錯，就稅務的角度，不入帳跟依照經手人證明入帳的方式，在稅務上因為沒有取得合法憑證，效果都是一樣的，支出費用是沒有抵減營利事業所得稅的效果的。

但是最大的差別是，有透過經手人證明來入帳，做出來的帳務符合真實，做的帳可以核對得到公司的銀行存摺等金流。這樣子的帳冊是符合商業會計法的規範，未來找股東，公開發行或上市上櫃都沒有問

題。

若是整筆交易都「不入帳」根本不正確，事後還要做假的股東往來。來掩飾支出沒有拿到憑證的事實，做的其實是假帳。千萬不要用稅制的規定來思索帳冊如何處理，稅制就是稅制，帳冊就是帳冊，不能混為一談。

5-3-6 帳上有股東往來會發生什麼事？

帳上如果有股東往來，有可能是真的股東往來，也就是真的有發生股東借貸金流的股東往來，如果真的有發生真實的交易，當然不會有問題，借貸關係走的是民法，當然就依民法相關借貸的規則依循就好。

問題是若是帳上都是虛假的股東往來，會發生什麼事？

依照上面的故事，股東往來在貸方餘額，可能會被懷疑是漏開銷售發票。有些人貸方餘額放了很久之後，後來股東不小心上天堂，股東往來就會變成遺產稅課稅的標的，人走了子孫還要被課一筆遺產稅，根本就是飛來橫禍。

股東往來的借方餘額，也有可能是因為做出虛假墊資，才會產生股東往來的借方餘額。借方的餘額由於來源說不清楚，或有遇到會依據所得稅法第 24-3 條，規定設算利息收入課稅。

5-4

案例解析：財務內控如何影響公司營運？

5-4-1 自己的權益被吃掉了

曾經有個老闆，霸氣投資七千萬元開了七家餐廳，營運過了三年越來越上軌道之後，他考慮未來想要擴大規模，想要找股東來投資他的公司，他才發現公司的帳上只有 500 萬的股本，還有 1,500 萬的股東往來。

這老闆覺得很奇怪，明明投資了 7,000 萬元，為何帳上算來算去也只有 2,000 萬元，未來的投資人想要投資他的公司，只能用 2,000 萬來做為談判基礎，這老闆覺得很昏倒。

在他的事業發展的過程中，到底發生了什麼事？

跟這位大老闆討論了之後，發現他的公司是採用兩套帳的公司。他的帳務處理人員幫忙採用兩套帳的制度，來幫忙處理記帳報稅的事情，所以當初他增資 500 萬之後，後來前前後後投資公司的 6,500 萬元，由於沒有憑證，帳務處理人員就沒有將這方面的借款，登錄到帳上。只能透過有憑證的交易來記帳，公司端也沒有提供存摺給帳務處理人員，並要求要將實際的金流記錄到公司帳上。

5-4-2 內控不好造成公司舞弊

曾經遇過一個老闆認真努力，為公司打拼，為自己打拼，結果生意越做越大，很怕公司週轉不靈，也越來越常跑 3 點半。

突然有一天，老闆不小心發現他公司的會計，最近怎麼越來越有錢，從以前剛進來公司的摩托車換到國產車，再從國產車換到進口車，進口車買完之後，就開始買一棟棟的透天房子，甚至出國旅遊，他覺得怪怪的。到底問題出在哪裡？

公司導入制度最基本的規則就是，能夠讓公司的人員管錢不管帳，管帳不管錢，透過管錢的人跟管帳的人互相制衡，讓公司可以運作出真實的帳務資料。

沒有好好考慮基本的內控原則，使公司的運作讓有心人士可以接觸到公司的錢，就會引起人的貪念，當然這個狀況，也只能發生損失後，事後提起告訴追究法律責任。

但是財務上內控的防弊機制是重要的，建議創業家們一定要好好考慮內控制度及防弊機制的建立。

Bryan 律師法律提醒

- 若是公司剛起步，為了簡便，為了獲利，或許逃稅並非新聞，但稅務不全賺的是蠅頭小利，潛在成本是未來的稅務罰金與無法取得投資之風險。

- 創業公司若有稅務風險，將會造成新投資者在投資實地查核時的疑慮，進而拒絕投資。

- 如果現在公司已經有兩套帳，經營者要抉擇：要賺近利？還是未來大錢？這本書目的在於股權規劃，是以指引公司合規經營，獲得投資後更為擴大之方向。因此創業者絕對不應考慮採取兩套帳。

第六章

股權規劃的 7 個建議，
讓投資人與創業者雙贏

- 公司價值成長，等於每一股股價的成長，可以運用股份代替許多實務上現金的功用。

- 每發出新的股份，可能就增加新股東，股東成分變複雜後，創業者將會有更多應注意的事項。

創業者會遇到什麼問題？

微硬公司改正了兩套帳的弊端，線上旅行社出團與雲端廚房的營運也十分順利，出團遍及全球，一二年內也在東京、矽谷開設了分支機構，這樣的新商業模式也登上國際新創媒體頭版。某日，Bill 信箱中接到新投資人巴費特的郵件，表示有投資意願。微硬團隊雖然內心狂喜，但仍慎重的把握了這次機會，順利的以 20% 股權獲得一億二千萬的現金投資，這個投資業大鱷竟然投資小新創的新聞，甚至登上 CNN、BBC 等國際媒體財經頭版多次。

接下來 Bill 心中開始思考的是新的市場競爭策略：如何取得新的通路、生意？是否能透過併購取得原本實體旅行社的客戶？

其實 Bill 清楚知道併購的對價本來就未必需要支付現金，只是一般新創公司的股份價值不是公認的價值，所以較難說服被併購公司的股東。但在巴費特投資微硬公司之後，Bill 發現，這條路似乎被打通了，他以往接洽過的廠商開始以不同的眼光對待！

由於實體旅遊還是吸引人的，因此微硬公司將會需要有旅行社的執照。此時 Bill 眼光瞄準短期經營不善股價較低的天星旅行社，它擁有旅行社執照，也有不少企業客戶，只要透過自動化系統將既有的人事成本降低，優化效率以及取得客戶的成本，這樣的併購將會串通線上線下旅遊產業，產生極大效益。

此外，Bill 也想透過發行部分股權來跟某大型旅遊平台換股，他很興奮，因為類似這種策略聯盟的機會，將可以讓微硬這個旅遊新創公司再站上不同的舞台。

6-1

多畫股權規劃表

股權規劃不僅僅是投資人的投資這麼簡單的問題而已。

> *有時候股權規劃做的好，可以最大化公司組織的價值。包括換什麼？用什麼換？用多少代價換？*

換了之後我們的股權比例會變成什麼樣子，換了之後我們現有公司的獲利會更多還是更少，股東會分的獲利更多還是更少？都是必需要思考的問題。

一般公司的經營團隊，對未來有預期的規畫，要用數字思考，要決策精準，要思慮周延，要多畫股權規劃表。

畫股權規劃表，能了解現在的股東股份比例。能預想如果未來要釋放 10% 或 20%，股權結構會長什麼樣子。看著未來的樣子，要開始盤算未來的價格是多少？釋出多少股份？可以拿到多少錢？

在找錢的團隊，至少要對現在開始往後算兩輪的估值和價格有感覺，畫畫股權規畫表的功課是必需要做到的。

股權規劃表範例

		增資前				理由說明	新股規劃增資			增資後			
		股款	股價	股數	持股比例	說明	股款	股價	股數	股款	股價	股數	持股比例
第一輪	A	4,800	1	4,800	66.67%	現金出資	100	0.2500	400	4,900	1	5,200	61.90%
	B	1,200	1	1,200	16.67%	現金出資	100	0.2500	400	1,300	1	1,600	19.05%
	C	1,200	1	1,200	16.67%	現金出資	100	0.2500	400	1,300	1	1,600	19.05%
	D	0	1	0	0.00%					0	1	0	0.00%
	E	0	1	0	0.00%					0	1	0	0.00%
	F	0		0	0.00%					0		0	0.00%
	合計	7,200		7,200	100.00%		300		1,200	7,500		8,400	100.00%
第二輪	A	4,900	1	5,200	61.90%	資產作價	50	0.2500	200	4,950	1	5,400	60.00%
	B	1,300	1	1,600	19.05%	資產作價	50	0.2500	200	1,350	1	1,800	20.00%
	C	1,300	1	1,600	19.05%	資產作價	50	0.2500	200	1,350	1	1,800	20.00%
	D	0	1	0	0.00%					0	1	0	0.00%
	E	0	1	0	0.00%					0	1	0	0.00%
	F	0		0	0.00%					0		0	0.00%
	合計	7,500		8,400	100.00%		150		600	7,650		9,000	100.00%
第三輪	A	4,950	1	5,400	60.00%					4,950	1	5,400	48.00%
	B	1,350	1	1,800	20.00%					1,350	1	1,800	16.00%
	C	1,350	1	1,800	20.00%					1,350	1	1,800	16.00%
	D	0	1	0	0.00%		3,000,000	2666.6667	1,125	3,000,000	2,667	1,125	10.00%
	E	0	1	0	0.00%					0	1	0	0.00%
	F	0		0	0.00%					0		0	0.00%
	投資機構	0		0	0.00%		3,000,000	2666.6667	1,125	3,000,000	2,667	1,125	10.00%

用市價談價格，別用帳面價值談價格

在尋找投資人及資金的過程中，要將公司的股份比例，釋出給其他的外部投資人。釋出多少比例才好呢？這個部分也要看看，需要多少錢，才會有辦法算得出來釋出多少比例的股份。

有的公司會讓投資人覺得，投資下去很有投資價值（投資報酬率高，投資回收比較確定），很有投資價值的公司，投資人就會願意，在買到相同的股份比例的前提下付多點錢。

以下將介紹一些談判的技巧，試圖能夠讓投資者多付點錢，也至少要讓想要利用募資估值技術的團隊找到錢，不要丟掉自己的經營權。

常有創業家問我一個問題，創業家覺得自己公司估值有 5 千萬元（創業家露出肯定的表情），可是我們公司的資本額才 100 萬元，怎麼辦呢？

> *估值到底是何時的價值呢？ 估值是估計未來能創造的獲利，推測現在的價值。*

> *至於資本額是何時的價值呢？ 資本額是以前投資人，當下覺得價值如此，所以資本額是過去的價值。*

為何創投會用過去的價值（資本額）來跟你討論未來的價值（估值）？

可能是創投不太懂（好像不太可能），要不就是他在告訴你，估值可不可以低一點，我可以投資你，我們可以成交（笑）。

有些人在談投資的時候，投資人會跟他說，你現在資本額才一點點，你卻要我投一筆大錢，這樣子對投資人會不會不公平？ 老實說，這樣子是投資人想要殺價的談判方式。

現在的資本額，是過去投資人實際投資額的加總。再怎麼說資本額，也是以前的事情了。

問題是現在的投資人，要投資你的話，應該要看的是未來會創造的價值。未來會創造的價值，是一種市價概念。有時候拿過去的投資記錄，拿來比較未來的公司市價，會有種張飛打岳飛的感覺。所以才歸結出其實是投資人在殺價的結論。

談判的時候切記一點，嫌貨人才是買貨人，覺得在乎，才會嫌貨才想要買貨，跟這一種人談判才有成交的可能。找投資人別只想挑出價高的談，或是覺得出價太低不想談，惜售自己的公司股票，找錢不就是希望能夠讓投資人投資我們公司嗎？

6-3

活用勞務入股，交換人才的價值

團隊在擴大公司的過程之中，有時候需要用手頭的資源去換一點東西。

譬如說你遇到一個很棒的技術人員，技術能力非常強，你希望長期找他來幫我們團隊運作，一起來創造價值。

通常能力強的人，待遇也不低，可是透過什麼方式把他綁起來為你公司所用？如果你也無法付這麼高的薪資代價的話，要怎麼讓他在公司裡面持續的幫忙創造價值？

還有，要如何讓公司的團隊，跟這個技術人員產生一定的關連性呢？

進一步，讓這個技術人員做的決策，能夠承擔公司的營運成敗。

這個時候，有沒有辦法採用，用股票來付薪水的方式，來直接解決技術能力強的人員招募的問題。

假設招募這位技術能力強的工程師，一個月薪水需要 12 萬。其他工程師達到相同的作用，需要三位，每位都需要 5 萬。

這個時候招募這位技術強的工程師，就是一個很棒的選擇，有沒有辦法與這位工程師討論一下，他需要多少現金多少股票。

有一句話，融資融資，可以融人、融錢、融資源。

創業者，別忘了你可以活用股權創造公司更多的資源與價值。

　　要做到上面的目標，跟這個技術人員談談很高的薪水，有辦法做得到嗎？ 還是可以談談他可以拿到多少股份這件事？

　　對這個公司來說，付薪水跟付股票其實是一樣的東西，都是付有價值的東西。但是付股票的效果，卻是不一樣的。

　　付薪水的話，這是一個一次性的開支，錢的資源效益並沒有辦法讓這個技術人員跟公司的團隊產生關聯性。

　　付股票的話，未來這一個技術人員就會轉換成公司股東的身份，也就是說透過股票，公司的團隊跟這個技術人員，就產生了關聯性，未來公司團隊賺多少錢，技術人員也就跟著領多少錢的股利。

　　公司團隊技術人員就會產生禍福與共的心態，同舟共濟坐在同一條船上。

6-4

股份當籌碼，換到創造價值的資源

公司組織就是一種平台，這平台能讓大家丟出自己有的資源，透過這個平台去整合，並且以這個平台來創造價值。

你有什麼資源，我有什麼資源，如果結合起來可以拿來獲利賺錢，透過公司組織來整合，何樂不為呢？

1. 有形資產可以進平台整合　　**2.** 無形資產可以進平台整合

3. 服務也可進平台整合　　**4.** 當然有人願意出錢是更好的

整合後，這個公司可以拿來獲利創造更多的價值，這就是公司創造價值的思考模式。

其實新創公司常常忽略，手頭上還有最棒的籌碼「股票」。

我們能不能一個月給這一個人 12 萬元，比他的市價多 2 萬元，其中一萬在 12 個月後可以領到股票，另外一萬的股票，在 24 個月後可以領到。

當然薪水怎麼換算成股票，就要看最近這一家公司的合理市價來決定，如果最近一輪的股票價格是 2 元，那麼一萬元除以 2 元就是 5,000 股（給付酬勞 10,000 元 / 每股 2 元 =5,000 股）。

換句話說這個技術人員可以一次領到 5,000 股的股票。若是合理票價漲到 4 元，每個一萬元，就只能領到 2,500 股了（給付酬勞 10,000 元 / 每股 4 元 =2,500 股）。

6-5

透過股權的設計，解決巨額債務

一天來找我的是一個設計師，還沒有聊開之前，他總是侃侃而談，聊著他的人生，聊著他很奇怪的際遇。

曾經他是一個專門做豪宅的設計師，一年可以賺好幾個億，後來不小心踩了一個坑，導致他欠人家好幾千萬，也因此他就被老東家開除了。原本他是建設公司營運長的工作，現在的他被債權人追得到處跑，他實在也不知道怎麼處理，每天都渾渾噩噩的，也常接到債權人催促還款的電話。

更扯的是因為他以前都設計的產品非常有口碑，所以還時不時有人在找他，邀請他來設計各式各樣的豪宅案件。他說短短的 1 個月沒有工作，他應該丟了快 5 億元的業績了。

人世間就是這麼有趣，你認為你踩了一個坑，你認為你遇到了個低潮，但是其實是老天要你蹲下來想一想，其實老天給了你所需要的東西，也就是你要站起來的本錢，只是你知不知道這是老天給你的，你有沒有看到這是你該擁有的，或許你不敢接這個老天給你的禮物，因為不知道打開會是福或是禍，還是你的心境還在自怨自艾，還在不知道怎麼辦。

這時候剛好透過一個朋友，有機會跟這個設計師談談，他說他談了很多金主願意投資他，但是當他說到他背後的債務，這些金主都會縮手。

我跟他說金主會願意投資他，並不是願意投給他去還債，而是希望

透過投資他，讓他可以創造營收跟獲利，達到賺錢互利的目標。

我跟他說，如果你談的是金主，投資你的目的是為了去還債，人家不會知道你後面還有多大的坑。投資你的人，當然會想要縮手，不願意繼續跟進。

相反的，如果你願意，跟人家談談你有多少案子，你多會找案子，你多會設計豪宅建案，你多會把這些設計納為實際的營收，再變成獲利。投資人將會很願意跟你談。

但是前提是你必須專心一致的，為了公司的獲利，幫股東創造營收，創造獲利。投資人無法相信你可以把款項用在公司，當然不會願意投資錢，讓你去利用，賺錢大家分。或許用另一種機制可以建立這種信任，可以跟投資人說，找了一組律師和會計師等專業人士，透過專業人士的控管，大家可以信任的人，來控管公司的錢財。

這個時候投資人才會放心的把錢交給你。讓你回復成原來的水準，好好再回去做你的營運長，再去做你的生意。

當你公司的營運越來越好的時候，其實你找的股東，買你的股份的價格也就越來越高，這個時候，你要想一件事，找來的股東是要買你公司發行的新股份，還是買你手頭上已經持有的老股？

發行新股錢是進公司，會有股價跟佔比的問題，當然找投資人就是要找來談談預計投資多少錢？買多少股份比例？同樣的買老股份也是一樣的道理，也要談談預計投資多少錢，買多少的股份比例？

可是買老股，跟買新股最大的差別是什麼呢？最大的差別是錢進了誰的口袋？

公司發行新股份給投資人，所以投資人投資的資金就進了公司的口袋。

投資人買到了這份公司發行的新股份，這個新股份由於被投資人持有了之後，就不是新發行的股份了，這時候我們俗稱他是老股份，或稱為老股，如果投資人手頭上的老股份賣掉的話，錢要進誰的口袋呢？當然錢財要進入老股股東的口袋。其實這個營運長，在談公司的價格的同時，他也在談錢進入自己口袋股票的價格。

> **我建議他的是，要先談新公司的股份投資價格。談完了的新公司的股份投資價格之後，公司的營運資金夠了之後，他其實可以想一想怎麼賣老股，拿到錢來還債。**

重點並不是放在怎麼賣他的老股，如果他把重點放在怎麼賣他的老股上，公司會不會賺錢還不知道，他的公司可能會變成投資人不想投資的標的。

所以我建議他，賣老股這個議題要先放在腦後，先不要處理，要先把心力專注放在怎麼把公司做起來，如何接好廠商給的單子，如何組成他

的營運團隊，好好的收單把案子都處理好，如何收款進公司的口袋，如何把賺到的錢，用在公司擴大營運擴大獲利這件事上，並且看看什麼時機可以分配給股東，這個角度才是投資人願意投資的角度。要解決他的問題，要看他能不能用無私的態度來面對股東，幫股東來賺錢。如果他還是只用自利的方式來思考的話，股東仍舊是不會信任的。

他也才打了自己的頭一下，說他應該好好認真的想一想，怎麼把這個月，失落的營收再追回來處理。

人世間總是禍福相倚，如果原本的老東家沒有起心動念，因為他欠債開除他營運長的職務，他也沒有辦法回復自由之身，自己出來接案子。

如果沒有欠這麼多債，他也不會頭痛到跑路，回過頭來想想，他該怎麼扮演好自己的角色。

所以他才知道該把自己會做的做好，才有辦法透過專業，把錢賺到來解決自己的問題。

在找錢的過程中，其實誠信這個條件是很重要的，如果是騙東騙西的話，很難找的到好錢跟大錢。所謂的大錢，當然是金額大的錢，投資人願意出金額大的錢，前提一定是，你會幫他賺更多的錢。

至於什麼是好錢呢？好錢就是，投資你的股東不會跟你計較你過去發生的事，未來投資人也會尊重你經營者的決策，找到這樣的投資人就是好錢。祝福他能夠帶著這些觀念，好好發揮他的所長，解決他自己的問題。

6-6

用股權擴張事業版圖的方法：
股票變成鈔票

　　曾經有一個富翁，他自己的兒子沒有娶到老婆，有一天他就突發奇想帶著他的兒子去找國家主席大人，富翁跟主席大人說：「主席大人呀，你的女兒一定要嫁給我的兒子」，接下來主席大人問他說：「為什麼我的女兒一定要嫁給你兒子呢？」，富翁回答他說：「因為我的兒子未來是世界銀行的副主席。」

　　接著富翁又帶著他的兒子去找世界銀行的主席，並且告訴世界銀行的主席說：「麻煩您一定要把世界銀行的副主席位子，讓給我的兒子來擔任。」世界銀行的主席覺得很疑惑，問他說：「為什麼副主席的位子，要讓你兒子來擔任呀？」富翁回答他說：「因為我的兒子，未來是國家主席大人的女婿」。

　　這是一個以空換空，卻換來滿滿東西的故事。

　　在商業的世界裡面，大家都在學著如何去交換不同的商業利益。便利商店的進貨，透過將貨品成本加價換成錢，創造利潤。

　　你也可以認為便利商店透過販賣「便利」來獲利，會計師律師透過販賣服務來換成錢。

　　以你有的東西換人家有的東西，是正常的。

　　你以空的東西換別人有的東西，才是高桿的。

怎麼換才能創造最大的價值？股權的商業交換是一門藝術。創業家如果能善用股權的交換，其實可以換到更多更好的東西。

透過投入資本及財務損捍投入資源使公司增強競爭力示意圖

資本市場上流傳著一句話：「印股票換鈔票」。

這句話真的沒錯。股票本身是沒有價值的。股票的價值是這張股票代表著企業的一部分價值。

如果一家市值 1 億元的企業，透過交換，讓他市值可以增加，就是一個好的交換。交換到一個好的東西，必需要有捨才有得，要用更好的東西換才可以。如果透過交換反而市值減少，就不是一個好的交換。

> *股票可以換投資人的錢，可以換同事員工努力的工作成果，可以換地產家的不動產，可以換商人倉庫中的貨物，更可以換許多人最寶貴一天僅僅 24 小時的時間。*

只要股權背後表彰的企業是有價值的，怎麼換都是可以談談的。

創業家拿股權來跟別人換，其實是拿公司未來的分潤，來跟現在的人換資源，所以就交換的人來說要小心使用，交換的對像也是未來的股東，挑選股東真的要慎選。

很多上市公司的併購策略就是直接用股份交換，來擴張事業版圖。有些人會跟自己事業上的競爭者談股權交換，將兩個不相干的公司，假設分別為 A 及 B 公司，透過其中一家 A 公司來發行新股，去換另一家 B 公司所有股東持有的持股。

換完之後，原本 B 公司的股東就變成 A 公司的股東，原本的 B 公司就變成 A 公司 100% 投資的子公司。

換完之後，可以將利益不同的競爭對手變成利益共同的股東及事業夥伴。

股權交換的結果圖

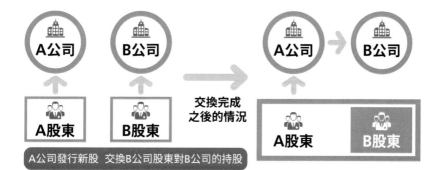

6-7

股權規劃與經營權爭奪戰

以下案例為公司派、市場派經營權之爭議。

我國的公司法，是偏重股東權，還是偏重經營權，這方面的觀點有許多的討論。我國公司法有人認為偏重市場派（偏重股東權），有人認為偏重公司派（偏重經營權）。

6-7-1 早期公司法偏重經營權

我國公司法的立法早期是偏重經營權，一個公司經營得好需要一些時間，所以股東認為持有經營權的董監事經營的績效不好，難以更換董監事，須待董監事任期到期，始得依照董事會召開股東會，重新改選董事，再組成新的董事會掌控公司的經營權。

公司的大股東並沒有權利，因為突然的喜好去改選董事，以掌控經營權。

在公司法的規定下召開股東會的權限，原則上只有董事會可以決議召開（公司法第 171 條），例外就需要比較嚴格的條件（公司法第 173 條第 1、2 項、公司法第 173 條、公司法第 173-1 條）。筆者將其整理如下。

公司法規定	第 171 條	第 173 條第 1、2 項	第 173 條第 4 項	第 173-1 條
召集權人	董事會	請求召集之股東	請求召集之股東	股東自行召集
持股比例	無	持有 3% 以上	持有 3% 以上	持有超過 50%
持股期間	無	繼續一年以上	無	繼續三個月以上
其他要件	無	書面記明提議事項及理由	無	無
是否需經主管機關核准	不需要	需要	需要	不需要
程序要件	1.董事長召開董事會 2.以董事會決議召開股東會	1.請求董事會召集股東臨時會 2.股東請求提出後十五日內，董事會不為召集之通知時，股東得報經主管機關許可召集股東會	董事因股份轉讓或其他理由，致董事會不為召集或不能召集股東會時，股東得報經主管機關許可召集股東會	要件符合召集之股東即得自行召集股東臨時會
召集之精神	公司內部自治	董事怠於行使職權	董事主觀或客觀不能行使職權	股東行動主義

199

董事會若正常行使職權，當然由董事長召開董事會，再以董事會決議召開股東會，為公司運作的內部自治事項。若董事會不行使職權，大概可以分成兩種情況，一種是董事主觀上不能行使職權，另一種是董事客觀上不能行使職權。上述主觀不能的情況，主管機關為了避免法條的適用有重覆，採用限縮解釋的方法，故比較不易符合要件。

董事不能行使職權。通常係指「客觀不能」行使職權，係指董事會有心而無力開會，並且會議無法成為合法有效的決議型態，才能依據公司法第 173 條第 4 項召開股東會。

例如董事會的成員是三位，需要過半數出席，出席過半數同意才能成立合法有效的議案，若是董事會只剩下一位董事，缺額達兩席，就無法達到過半數出席的門檻。若是一般的非公開發行公司，常見情況是公司董事自行辭任公司，來不及召開股東會重新補選董事，造成董事會無法成會。

或是市場派聲請法院裁定「定暫時狀態假處分」凍結董事會權限，或董事全體辭職，或董事會僅存一席董事無法依 2 人以上的條件開成董事會，致董事無法執行職務，或是公開發行公司董事任期中轉讓持股超過 1/2，致當然解任，致董事會無法湊足法定開會人數，始可為「客觀不能」，依公司法第 173 條第 4 項召開股東會。

除了上述情況外，其他的情形都算是董事會怠於行使職權，只能走公司法第 173 條第 1 項及第 2 項的法源，來召開股東會。

6-7-2 股東行動主義的新立法

新施行的公司法，其中公司法第 173-1 條，賦予股東會掌控公司經營權的新利器，俗稱為「大同條款」。

只要持有股份持有期間可以達到繼續三個月的要件，且股份持有比例超過（大於）50%，即可以自行召開股東會。

> **實務上痛苦的地方，不是上述這些法條要件，而是一個很細節的地方，這個決定的點，就是股東名簿的記載。**

要能走公司法第 173 條第 1 項及第 2 項，或是走公司法第 173 條第 4 項，亦或是走公司法第 173-1 條，很重要的一個點，就是：「公司派承不承認股東的資格合法有效」。

在公開發行公司，沒有這個問題，因為有專業的股務幫忙處理股東過戶登記的問題。但在非公開發行公司，這個問題就很嚴重。

以「非公開發行公司」的股份，來作為買賣標的的合約，要看這個公司有沒有印出股票。如果有印股票，可以用股票交付背書，以股票背面的記載，來認定股東的資格。

若是沒有印股票的公司，就會很難決定，即使買入股份的股東已經

與賣出方股東簽約付款，賣方股東亦有責任協助買方股東登錄股東名簿，但若賣方怠惰不做向公司登錄，買方似乎也無法可以處理。

更有甚者，若是股東有沒有買到股份都有爭議，由於召開股東會時，會依據公司法第 164 條第 2 項停止過戶日之股東名冊為準，主管機關亦不可能針對有爭議的問題，判斷定下行政處分。

依照公司法第 12 條，有應登記事項不為登記，不得以之未登記事項，對抗第三人。

這個法律的意思，是說我們內部的運作資訊，若沒有透過登記公告效果，讓外部的人知悉的話，外部的第三人所為的交易，不能以未登記的資料作為判斷依據。

以股東名簿的轉讓登記來說，公司法第 165 條已有定股份轉讓未登記的效果，該效果是不得對抗公司，公司法第 210 條及第 210-1 條也規定，董事會應將股東名簿備置於公司，讓股東可隨時查閱，若違反可讓主管機關連續處罰。其他召集權人召集股東會時，也得請求公司或股務代理機構提供股東名簿，也有相關連續處罰及罰款的規定。

但若遇上經營權的爭奪戰，細微的請求權也會影響經營權的奪取，引起公司派的注意，也無法讓市場派得到奪取經營權好的結果。加上股東名簿的取得記錄，能影響公司法第 173 條第 1 項及第 2 項、第 173 條第 4 項及第 173-1 條召開股東會，也會影響上述的請求權行使。

當然，聲請法院走「定暫時狀態假處分」，凍結董事會的權限，就

可以走公司法第 173 條第 4 項召開股東會，定暫時狀態假處分凍結董事會的權限後，也可以依公司法第 208-1 條選任臨時管理人以召開股東會。

或是改依公司法第 203-1 條，由過半董事先請求董事長召開董事會，董事長不為召開，再由過半董事自行召開董事會以決議進一步召開股東會，或由監察人（或公開發行公司之獨立董事），依公司法第 220 條召開股東會，都是可以思考的方向。

曾經有個「好野人」朋友來找我諮詢，他們公司有四個主要投資股東，名為「股東合作」建設公司。幸運的是，在六個月前「好野人」以「股東合作」建設公司名義，買到了一塊土地，這個土地經過一些整理後，就可以蓋房子了，問題是「股東合作」建設公司裡的各個股東意見分岐，有些人覺得叫建築師畫圖就可以蓋房子賣了，有些人覺得直接賣地賺價差就好。最後這些股東決定賣地快進快出，分錢落袋為安最好。

問題是「好野人」開始覺得委曲，因為出錢他出最多，卻因為大家便宜行事，「好野人」持有的卻都是暗股，他開始從種種跡象看到，股東們分錢好像會損失「好野人」的一些權益，只是因為「好野人」當初出的錢都是暗股。

於是乎，我請「好野人」提供「股東合作」建設公司的資料，發現四個主要股東，登記的股權是各 25%，但是「好野人」出錢已經達到快要六成了！

綜合評估之後，我建議「好野人」要跟各個股東談判一下，因為權利與責任開始產生了不合理的分歧。最終建議他要取得公司經營權，他被我點了一下，突然告訴我，他三個月無法睡好覺，今天聽了我的話，應該是抓到重點，他也可以好好休息了。

後來「好野人」談到，將另外兩個股東的 25% 股份，透過買賣關係，將股票過戶到自己的名下，也重新改選董事會，並任「好野人」為「股東合作」建設公司董事長，掌控經營權之後，「好野人」也能好好再推「股東合作」建設公司後續相關的業務。

Bryan 律師法律提醒

• 股權有價值後，在企業併購、策略聯盟上有時甚至比現金好用，但各式交易金額都極龐大，多半涉及跨國的股權交割、合規程序及稅務風險，需要找專業人士幫忙規劃，慎重注意合約內容。

• 股東會成員變複雜後，股東會召開的程序將會超乎創業者的預期，會是另一個戰場。

第七章

掉在地上的權益如何拿
來用？
股權實戰應用案例

7-1

不動產增資的注意事項

最後章節說明

　　來到本書的最後一個章節，股權規劃的策略、台灣法律的可行方案，筆者在前面可以說已經完整的解析。所以在最後一個章節中，我想列舉各式各樣的股權創價相關的案例，提供大家「應用實例」的參考，以及「操作步驟」的統整。某些案例與操作步驟是延伸，某些案例則可以驗證前面所論述的策略，而操作步驟可以幫你做快速的複習。

　　傳統的公司增資，大部分人直覺想到的是現金入股的方式，其實在現金入股外，另外還有一種選擇，如果要用「不動產」作為增資的標的，是沒有問題的。

　　但是，不動產增資我們要還要顧慮什麼點呢？

7-1-1 資產作價的流程解說

　　資產作價，其實簡單的說，就是將資產以入股的方式，放到公司裡面。

　　如果你可以認同現金入股的話，資產作價也一樣是很容易可以理解的。

雖然，不動產資產當然也可以賣掉，繳完了稅，再將完稅後的錢抓個整數，投入公司作為資本。

> **但更簡單的作法就是，直接將不動產作為股本，投入到公司裡作為增資的標的。**

有人說，那不用定價嗎？當然要囉！通常是將不動產的市價，作為增資入股的金額，公司發等值的股份給不動產的所有權人。

7-1-2 資產作價要準備的文件

有打算需要做資產作價的公司，找到標的不動產資產，準備資產作價要準備的文件如下：

1. 公司應先與不動產的投資方確定好資產的價格，並且簽定買賣契約書。

2. 依合約書的價格將不動產資產過戶到公司名下。

3. 投資方投資入股的同意書。還有其他經濟部規定的文件。

切記若打算要資產作價，請找人幫忙評估後續的效果是不是符合公司的需求。

209

7-1-3 資產作價的稅負問題

賣不動產需要繳稅，用資產作價入股，當然也是要繳稅。舉凡房屋契稅、土地增值稅，都必需要計算。若原來的賣方，也是要算房地合一稅。

最好也要請一位代書辦理過戶登記，將不動產過戶到公司名下，以上的程序處理好，才有辦法啟動資產作價的流程。

7-1-4 不動產借人頭（借名登記）的困擾

另外就是國稅局很討厭大家用人頭的方式借名登記處理不動產，甚至登記不動產到登記人名下會不會被偷賣掉，能不能要的回來，都是一個很大的困擾。借人頭有時候甚至會把你當成刑事責任的逃漏稅。

用公司買房子的方式，可以避免人頭的使用，是可以比較長遠的處理方式。

另外就是把房子放到公司，會有一次賣掉相關稅負的問題需要處理，如果是買入的時候，直接放入公司會比較好，不會多一次稅負的問題需要處理。

7-1-5 資產作價的商業貸款

資產放入公司最大的問題是，貸款的問題是商業貸款不是消費性貸款。

大部分人買房子當作投資，都用個人名義買房子，辦理消費性貸款，突然變成商業貸款，需要適應一陣子，但是商業貸款會用的話，彈性應該會比消費性貸款大很多。

7-1-6 不動產的利益分配問題

有些人的資產是集資購買的，當然就可以成立一間公司，讓股東以資產入股，定期在扣除固定支出費用後，將獲利全數按股權比例分派給股東，是可行的。

7-1-7 不動產工具搭配公司工具的使用

你可以考慮開公司用來應對新的租賃新法，出租會有相關的優惠，另外個人的不動產把不動產租給公司，公司可以做為二房東的角色，可以達到節稅的效果。

雖然用新開的公司來買房子在貸款條件上，不是那麼容易，但這就是一種財商的訓練，學會了工具就可以應用自如。

7-1-8 不動產作價的案例

「田僑仔」有一間工廠市價約 2,000 萬，他想要將這間工廠賣掉。剛好某間「科技」公司想要買一間工廠，評估了一下這間工廠，覺得很適合公司使用，於是在急著想要用工廠的情況下，「科技」公司直接跟「田僑仔」談用合約以 2,000 萬開價（不殺價），買這間工廠。

「田僑仔」看完「科技」公司的報表後，想要將賣房子的收入拿來投資「科技」公司。問題是「科技」公司要等到房子過戶後，再召開股東會等等程序，有點怕「田僑仔」投資的意願會變掛，於是會計師建議他：

> ## 直接用房子的價值來增資。

「科技」公司的估值是 8,000 萬元台幣，若是「田僑仔」用 2,000 萬元投資「科技」公司，他的持股佔比可以達到 20%。若是公司現在的資本額為 1,000 萬元，採用無面額股，發行股數為 1,000 萬股，試問登記程序，及如何計算「田僑仔」用 2,000 萬元投資的發行股數，並請畫出股權規畫表？

讓筆者用這個案例，試算給大家看。

登記程序：

1. 「科技」公司與投資方「田僑仔」簽定買賣契約書，交易標的是工廠價格 2,000 萬元。

2. 依契約約定，將不動產過戶到「科技」公司名下。

3. 投資方投資入股的同意書。接下來就需要向申請登記機關做資本額增加的登記。

在評估「田僑仔」的 2,000 萬元投資時，需要用市價來評估，如果「田僑仔」也可以認同公司現在估值為 8,000 萬元，且投資 2,000 萬元後的佔比為 20%，那麼將不動產增資發行之計算如下：

增資後總股數為：1,000 萬股 ÷（1-20%）=1,250 萬股

增資後發行股數為：1,250 萬股 -1,000 萬股 =250 萬股

增資後增加的股本 =2,000 萬元

增資後總股本 = 增資前總股本 1,000 萬元 + 增資後增加股本 2,000 萬元 = 增資後總股本 3,000 萬元

增資發行新股每股股價為 =2,000 萬元 ÷250 萬股 = 每股 8 元

增資前平均股價 = 資本額 1,000 萬元 ÷ 1,000 萬股 = 每股 1 元

股價漲幅 =8 元 /1 元 =8 倍

股權規畫表如下：

股權規畫表

	增資前				理由	新股東增資			增資後			
	股數	股價	股數	持股比例	說明	股款	股價	股數	股款	股價	股數	持股比例
老股	10,000,000	1	10,000,000	100.00%					10,000,000	1	10,000,000	80.00%
田僑仔	0	1	0	0.00%	不動產以價作股	20,000,000	8.0000	2,500,000	20,000,000	1	2,500,000	20.00%
合計	10,000,000		10,000,000	100.00%		20,000,000		2,500,000	30,000,000		12,500,000	100.00%

7-2

薪資勞務增資的注意事項

傳統的公司增資，大部分人直覺想到的是現金入股的方式，其實在現金入股外，另外還有別種選擇，如果要用薪資勞務作為增資標的，也是沒有問題的。

但是薪資勞務的增資，我們要還要顧慮什麼點呢？

7-2-1 薪資勞務增資的流程解說

薪資勞務增資，其實簡單的說，就是將薪資勞務的有形投入，作為增資入股的標的，放到公司裡面。

如果你可以認同現金入股的話，薪資勞務增資，也一樣是很容易可以理解的。

薪資勞務要增資，當然也可以提供給員工之後，員工領到相關的報酬，再將拿到的錢作為投入公司增資的款項。

> **但是更簡單的作法就是，直接將薪資勞務作為股本，投入到公司作為增資的標的。**

有人說，那不用定價嗎？當然還是要，通常是將薪資勞務的市價，作為增資入股的金額，公司發等值的股份給薪資勞務的提供者。

7-2-2 薪資勞務增資要準備的文件

　　打算需要做薪資與勞務增資的公司，要準備的文件分別依薪資與勞務分別說明如下。

薪資部分：

1. 公司依自己的薪資勞動條件，確定好薪資入股的價格。

2. 製作欲薪資入股的薪資清冊。

3. 員工以薪資投資入股的同意書。

勞務部分：

1. 公司與勞務提供者確定好勞務提供合約。

2. 勞務履行完成之完成證明（實務上會製作完成證明或是驗收證明）。

3. 勞務提供者以勞務投資入股的同意書。

　　還有其他經濟部規定的文件，切記若打算要薪資勞務增資，請找人幫忙評估後續的效果是不是符合公司的需求。

7-2-3 薪資勞務增資的稅負問題

去找工作賺錢需要繳稅，用薪資勞務增資入股，當然也是要繳稅。

若是一般的勞力，通常是申報薪資所得。若是勞務是有執照的專業人士，可以例外申報執行業務所得，但請注意有沒有扣繳的問題需要被執行。

7-2-4 現行公司法禁止勞務增資，怎麼辦？

現行公司法第 156 條，並沒有開放勞務作為增資的標的。

換句話說，只有單純的走勞務增資是走不通的。

只有透過筆者上面的方式，用債權的形式，繞過勞務增資的方式，才有辦法真正達到勞務增資的目的結果。

7-2-5 薪資勞務增資的好處

利用薪資勞務增資，請記得思考股權激勵的問題。

不論你對人的假設是人性本善，還是人性本惡，人性都是傾向懶惰的，所以需要透過激勵才有辦法往前更進一步。

也請各位老闆將眼光放高放遠，可以賺錢的公司分配多點給員工，你會獲得更多。所謂財聚人散，財散人聚。

7-2-6 勞務作價的案例

公司擬定高階經理人領取股票的獎勵計畫，董事會決定這個計畫，要提供給總經理及各事業群的經理股份。每年當達到公司所訂的目標，總經理及各事業群的經理，即可依各該負責的部門，以其年盈餘的 0.1%，按當時的股價折算，作為總經理及各事業群的經理的獎酬計畫股票。

本年度按達標的有 ABC 三位，分別為總經理及二位經理，分別折算 ABC 三位應領取盈餘獎酬計畫，市價為 1 千萬台幣、2 佰萬台幣、1 佰萬台幣。

按當天發行的股價市價 20 元折算，計算如下：

A=1,000 萬元 /20 元 =50 萬股
B=200 萬元 /20 元 =10 萬股
C=100 萬元 /20 元 =5 萬股

登記程序如下：

1. 公司先確定好薪資入股的價格及每人認購的股份，並經董事會同意。

2. 製作欲勞務入股的薪資清冊。

3. 員工以薪資投資入股的同意書。

股權規畫表如下：

股權規畫表

股東	增資前				理由	新股承買			增資後			
	股數	股價	股數	持股比例	說明	股數	股價	股數	股數	股價	股數	持股比例
A	0	1	0	0.00%	勞務以債作股	10,000,000	20	500,000	10,000,000	20	500,000	0.25%
B	0	1	0	0.00%	勞務以債作股	2,000,000	20	100,000	2,000,000	20	100,000	0.05%
C	0	1	0	0.00%	勞務以債作股	1,000,000	20	50,000	1,000,000	20	50,000	0.02%
其他股份	200,000,000	1	200,000,000	100.00%	勞務以債作股				200,000,000	1	200,000,000	99.68%
合計	200,000,000	1	200,000,000	100.00%		13,000,000		650,000	213,000,000		200,650,000	100.00%

7-3

動產資產兼技術增資的注意事項

傳統的公司增資，大部分人直覺想到的是現金入股的方式，其實在現金入股外，另外還有別種選擇，本文討論除了不動產外的「動產資產」，及「技術無形體的資產」，作為增資標的問題。

以及動產兼技術的增資，我們要還要顧慮什麼點呢？

7-3-1 資產及技術增資的流程解說

資產技術增資，其實簡單的說，就是將資產技術的投入，作為增資入股的標的，放到公司裡面。

如果你可以認同現金入股的話，「資產技術增資」也一樣是很容易可以理解的。

資產技術當然也可以提供了之後，待需求方支付報酬，再將拿到的錢作為投入公司增資的款項。

> **但是更簡單的作法就是，直接將資產技術作為股本，投入到公司作為增資的標的。**

有人說，那不用定價嗎？ 當然要囉！通常是將資產技術的市價，作為增資入股的金額，公司發等值的股份，給資產技術的提供者。

7-3-2 資產技術增資要準備的文件

有打算需要做資產及技術增資的公司，要準備的文件分別說明如下。

資產部分：

1. 資產提供者與公司方確定好，提供資產所有權移轉予公司的合約，包括要確定給付的報酬金額。

2. 資產交付完成之證明，實務上會製作收據或是驗收證明。

3. 資產提供方以對價投資入股的同意書。

技術部分：

1. 技術提供者與公司方確定好，提供技術所有權移轉予公司的合約，包括要確定給付的報酬金額。

2. 技術交付完成之證明，實務上會製作技術轉移證明或是驗收證明。

3. 技術提供方以對價投資入股的同意書。

還有其他經濟部規定的文件，切記若打算要資產技術增資，請找人幫忙評估後續的效果是不是符合公司的需求。

7-3-3 資產技術增資的稅負問題

用現金投資入股，不需要繳稅，因為是有相對應的投入。

但是用資產技術增資入股，卻需要繳稅，畢竟資產技術相對應的對價，投入公司變成股份，是有賺到對價的。

資產的部分賣掉，是按財產交易所得來課稅，需要按實際的收入成本舉證計算。若賣給公司方：

> **可以要求公司方幫忙報一時貿易所得，可以按照收入的 6% 計算所得。**

技術的部份若滿足特別的法律要件，則可以採用 30% 免稅，剩下 70% 應納稅。在中小企業發展條例或產業創新條例裡面有相關的規定。

7-3-4 資產技術增資的好處

資產及技術增資最大的好處，應該是不需要重新賣出才有辦法拿錢增資，直接拿到資產，放到公司就可以變成股份，是一種比較簡單不麻煩的方式。

7-3-5 技術與勞務的差別點

技術跟勞務最大的差別，是技術可以被帶著走，勞務不能被帶著走。

如果有一個人會泡一杯好喝的飲料，喝到的人都會跳起來轉三圈，這個是一門好的技能。但是法律上如果要定義這個泡飲料的技能是一門技術，那這個泡飲料的技能必需被帶著走，能夠讓別人也學會，而且喝到的人都會跳起來轉三圈，少一圈都不行。

當然如果不能被帶著走，只有當初發明這個泡飲料技能的人，能夠泡出喝到的人都會跳起來轉三圈的飲料，這個就是勞務。因為未來泡飲料都只能給他泡，才可讓喝到的人都會跳起來轉三圈。

7-3-6 資產技術增資案例

某「生技」公司想要獎勵在學術界聲譽著注的「教授」，在該公司的新藥申請上，「教授」幫了許多忙，礙於「教授」是國立大學任教的教職員，無法在他公司兼職，「生技」公司想要給付「教授」一點酬勞，礙於現行規定卻是無法可行。

後來評估了許多建議之後，想要向「教授」購買二手設備一台，雖然該設備新品的市價是 50 萬台幣，評估該二手設備價值大約 20 萬元左右，該「生技」公司思考用 30 萬元台幣，向教授購買該二手設備，該購買簽約程序已經向董事會報告其中之原委，業經董事會通過，董事會並提議由該設備換股份，讓該「教授」變成該公司之股東，並經「教授」同意。

該設備作價的價格為 30 萬台幣，該「生技」公司為有限公司，該公司的現行資本額為 3,300 萬元。

增資程序如下：

1. 資產提供者與公司方簽定資產買賣合約，要確定給付的買價為 30 萬台幣。

2. 資產交付完成，由公司方出具之驗收證明。

3. 資產提供方以對價投資入股的同意書。

股權規畫表如下：

股權規畫表

	增資前				理由	新股東增資			增資後			
	股次	股價	股款	持股比例	說明	股次	股價	股款	股數	股價	股款	持股比例
A	33,000,000	1	33,000,000	100.00%					33,000,000	1	33,000,000	99.10%
B	0	1	0	0.00%	動產以債作股	300,000	1	300,000	300,000	1	300,000	0.90%
C	0	1	0	0.00%					0		0	0.00%
其他股份	0	1	0	0.00%					0		0	0.00%
合計	33,000,000		33,000,000	100.00%		300,000		300,000	33,300,000		33,300,000	100.00%

註：由於有限公司無股份的概念，只好將股價設定為 1 元，讓有限公司只有股款等於 1 元乘上股數。

7-4

帳上有巨額股東往來，會產生什麼問題？

　　曾經遇到一個真實的案例是這樣子的，某老闆做做小生意，開兩間小店面賣吃的，由於店面臨路的關係，國稅局不准用小規模，要開發票做生意。

　　該公司十年前設立，是用 100 萬資本額設立公司組織，由於近十年經濟不好，景氣不佳，加上員工也越來越不好請，公司的營運有些困難。十年後拿出報表來，發現帳上有一筆 1,000 萬的股東往來在帳上。

　　我詢問老闆，他說沒辦法，公司要營運員工要生活，只好一直做伸手牌，跟股東借款，越借越多，最近又遇到國稅局來查稅，懷疑他有漏開發票的傾向，老闆說他都交待站櫃台的同事，結帳收錢一定要開發票，現在這樣子他也不知道怎麼辦？

　　由於國稅局沒有實質的調查權，無法直接查核金流與實際發票的關係，所以稅務代理人面臨這個問題，也不知道該如何是好，不知道老闆倒底真的是營運不利，還是真的是漏開發票。

　　營運不利的話，的確跟股東借款一千多萬，是會產生資產負債表上會有一千多萬的負債的。

　　若是漏開發票的話，因為公司收錢沒有開發票，有錢沒開發票，到年底只好用調整的，將公司多出來的錢當作向股東借來的，也就會累積產生這麼多的負債。

問題是一千多萬的負債到底怎麼產生的？除非當事人願意提供存摺來核對一下，否則交易都是現金的情況下，這是一件很難釐清的問題。

以下是常見的新聞一則，供大家參考：

「公私帳戶分不清 當心補稅加罰 04:10 2018/04/17 工商時報」：
「企業經營商業活動，常因交易及資金進出頻繁，導致公司與其股東個人的銀行帳戶有混合的現象，財政部表示，若公司利用個人帳戶收取貨款，未按時申報，被查獲後，除補稅外還需處以罰鍰。…… 官員提醒，營利事業若有類似案例，利用個人帳戶收取貨款或勞務等收入而未申報的情況，應儘速依稅捐稽徵法規定，自動向稽徵機關補報並補繳稅款。」

7-4-1 股東往來會造成什麼問題

公司帳上若有巨額的股東往來，常常會伴隨著稅務風險，也就是漏認營業收入的風險。

也正因為如此，若是公司周轉不靈，股東要借錢給公司周轉，往往會產生公司端心理上很大的負擔，到底借是不借？

不借又怕周轉問題轉不過來。借了又怕產生巨額股東往來，造成稅務上的風險及問題。

造成進退都有困難的兩難困境。

7-4-2 定義何謂股東往來

　　經濟部早就對此有發布過解釋，股東往來是公司與股東債權債務關係之會計科目，若出現借餘，則代表公司借款予股東。出現貸餘，則代表股東借款予公司。

☰ @ NOTE：經濟部 930102 經商第 09202266010 號

「股東往來」之性質

　　一、所謂「股東往來」係指公司與股東間債權債務關係之會計科目，若出現貸方餘額時，表示股東借給公司資金，該科目列於「流動負債」項下，若出現借方餘額時，表示公司將資金貸與股東，該科目列於「流動資產」項下，惟仍有公司法第十五條規定之適用；又會計表冊係為表達公司之財務狀況，公司入帳時，並無通知此一會計事項相對人之義務，至於摘要記載資金用途及目的等則係公司管理控制之用。

　　二、公司法第十五條之「融通資金」，係指於該法條之規範下，公司間或行號間資金之借貸行為，又若公司股東會業經決議分派股利，在未實際分派前，應帳列公司負債，至於若個別股東同意將該股利借與公司，並無不可，惟其係屬於個別股東與公司間之私權行為。

換句話說，若是公司跟廠商進貨，公司可能約定交貨後兩個月付款，在這兩個月還沒有到，也還沒有付款的期間內，進貨廠商是公司這筆帳款的「債權人」，公司的角色是「債務人」。

這種債權債務關係，很常發生。

換句話說，股東往來就是借款的行為，也是債權債務的關係，問題是為何其他債權債務都沒有這麼敏感，惟獨股東往來卻可以這麼敏感？

7-4-3 最主要的原因是做假帳會產生股東往來

回到剛剛說的，若是漏開發票的話，因為公司收錢沒有開發票，有資產卻沒開發票，到年底公司多出來的錢，帳務人員只好用調整的，將公司多出來的錢當作向股東借來的。

塞出來的記錄，也會累積產生這麼多的股東往來負債。

問題是沒有逐筆對交易的記錄，有漏開發票也有可能漏拿發票，所以塞出來有可能是公司跟股東借，股東往來是公司要還給股東的負債，放在資產負債表的貸方負債的地方。

塞出來的也有可能是公司借給股東，公司借錢給股東就是公司的資產，放在資產負債表就是借方資產的地方。

以下分別說明放在借方（資產）與放在貸方（負債）的問題。

7-4-4 股東往來借餘會產生的問題

股東往來借餘，是公司將錢借給股東。

若是公司有錢拿來經營本業必然有機會賺錢，站在公司機會成本及最大利益的思考之下，公司借錢給股東，必然會需要計算利息。

所以國稅局若發現有股東往來借方餘額，必然會請公司設算利息收入，或是反向剔除已經認列的利息支出。

≡ NOTE：案例請見以下新聞稿

「企業資金貸給他人卻不收取利息將不能認列利息支出：財政部970826新聞稿」：

「近年來，隨著國際石油和石化衍生物價格的不斷攀升，國內外原料價格也隨之上揚，導致企業營運資金需求大增，當企業向外舉借資金而支付利息時，要特別注意避免另將資金貸與他人卻未計收利息，因為依照營利事業所得稅查核準則第97條第11款規定，營業人一方面借入款項支付利息，一方面貸出款項並不收取利息，或收取利息低於所支付之利息者，對於相當於該貸出款項支付之利息或其差額，不予認定。

南區國稅局轄內某家經營汽車零件買賣的甲公司，94年度所得稅結算申報案列報利息支出2,000餘萬元，經國稅局核對其94及93年度資產負債表後發現，甲公司93年底股東往來借餘金額

高達 1 億餘元，迄至 94 年底雖已無股東往來餘額，但其他應收款卻較上（93）年底增加 1 億餘元。甲公司提出說明，94 年底其他應收款所增加 1 億餘元，的確是由股東往來借餘金額轉入，該筆款項是甲公司 93 年間先行代其上游廠商乙公司的墊付款項，甲公司雖未向乙公司計收利息，但乙公司是將其產品以較其他客戶為低之價格售予甲公司，即透過相對低價進貨之利益彌補甲公司的利息收入。不過，甲公司卻無法提相關合理文據資料佐證，國稅局最後仍依照上述規定，按加權平均借款利率 6.53％設算利息 800 多萬元，自甲公司 94 年度申報的利息支出減除，甲公司因此需補繳稅款 200 多萬元。

甲公司對國稅局的核定不服，申請復查結果，未准變更，再提起訴願、行政訴訟，最後遭最高行政法院以甲公司將鉅額資金積壓供關係企業運用，等同貸款與關係企業並不收取利息，他方面又借入款項支付利息，本於收入與費用配合原則，則相當於貸出款項所支付之利息即非營業必須之費用，自不得認列，而判決其敗訴。」

7-4-5 股東往來貸餘會產生的問題

股東往來貸方餘額，代表股東將錢借給公司，如果站在公司最大利益的思考之下，股東不收利息是很棒的。

問題是貸方太大的話，會有其他延伸的問題。

第一個延伸的問題就是漏收入的問題。第二個問題是遺產稅申報的問題。

公司股東往來貸方餘額，會發生漏收入的問題是如何產生的呢？ 這個問題的產生是假設公司接到的訂單，有收錢卻沒有認列該有的收入，因此稅務上漏申報銷售額。

可是在公司的帳務上採用複式簿記，有借必有貸借貸必然要相等。公司有收到相對應的錢，卻沒有辦法認列該有的收入時，這時候只能轉而認列股東往來（假設這筆錢是跟股東借的）。

因此稅局會認為巨額的股東往來，貸方是漏報銷售額或漏開銷售發票造成的。

☰ **NOTE：相關新聞稿如下**

「營利事業利用股東往來科目短漏報收入，遭補稅處罰：財政部 1040706 新聞稿」：

「營利事業如有透過股東個人的銀行帳戶收取銷售貨款，應特

別注意將匯入款項列帳並申報營業收入，以免產生漏報而遭受補稅及處罰。

南區國稅局表示，由於台灣的中小企業大部分是家族式的企業，公司與股東個人銀行帳戶經常有交叉混合使用情形，有些企業為收款方便，會指定客戶將外銷款項匯至股東個人的銀行帳戶，也就是透過股東個人的銀行帳戶收取貨款，或是以股東帳戶墊支公司的應付貨款，帳上雖然是以股東往來科目記載這些相關款項的進出情形，可是銷售款項卻未帳列營業收入，以致造成漏報所得額。

該局日前就查獲轄內甲公司將銷售海外客戶的貨款 3,100 多萬元匯存入 A 股東個人銀行帳戶後，再以 A 股東個人名義代墊公司貨款，顯示 A 股東個人的銀行帳戶是提供給甲公司收付貨款使用，甲公司在帳務處理上雖然是以股東往來科目貸借資金給公司，記載了這些資金的進出情形，可是銷售貨款 3,100 多萬元卻未列為營業收入，造成短漏報營業收入及所得額，該局除核定甲公司要補稅 260 多萬元外，還須多繳納罰款 210 多萬元。」

公司股東往來貸方餘額，還會發生漏報遺產稅的問題。

「被繼承人於被投資公司之股東往來債權應課徵遺產稅：財政部980420新聞稿」：

「財政部臺灣省南區國稅局表示，被繼承人截至死亡日止，於所投資之公司如有股東往來債權，依遺產及贈與稅法規定，屬被繼承人財產，應列入遺產申報。

該局日前審查某君遺產稅案件，依據其投資之公司資產負債表所載負債及股東權益科目，發現被繼承人與公司間有資金往來情形，進而查獲納稅義務人漏報被繼承人應收債權金額300餘萬元，除補徵遺產稅並處罰。

國稅局進一步說明，稽徵機關為服務民眾，提供被繼承人之財產歸戶資料及最近年度之綜合所得稅核定資料，僅供繼承人等申報遺產稅之參考。被繼承人若尚有其他財產，繼承人等仍應依法誠實申報。如經稽徵機關查獲有漏報情事，納稅義務人不能以國稅局提供之資料未列明作為漏報免罰之理由。國稅局籲請納稅義務人，於申報遺產稅前，宜先向被繼承人生前投資之公司或往來銀行等，查明被繼承人遺留財產狀況，按實申報遺產稅，以免漏報而補稅受罰。」

股東往來為何會被當作遺產稅的問題處理呢？

因為公司多錢，會計帳上實在找不出為何會多錢，只好當作是跟股東借入的款項，所以對公司來說，是一個虛假的借貸法律關係。

當然在外部人的眼中看來，這借貸關係無法一眼就看出來是真是假。既然帳務上公司就自認為借貸關係，借款的對象是股東，這筆借款當然是股東名下的財產，若股東不小心往生了，這筆自然是股東的遺產需要課遺產稅囉！

這時候就很難說股東根本沒有這一筆財產，或是很難以解釋為何這筆財產是暫時掛在股東名下，因為公司就自行認為這筆款項是股東跟公司之間的借貸關係，才會在帳上掛成股東往來。

對突然出現的股東往來，被繼承人已往生難以求證，繼承人也通常不知道狀況，是真是假也不確定，這時候只好啞巴吃黃蓮，默默吞下這個要課遺產稅的後果。

股東往來會產生這麼多問題，處理真的需要慎重，避免不必要的困擾與稅務風險。

巨額股東往來怎麼處理？
以債作股注意事項

在公司規模不大的時候，公司多多少少都會有股東跟公司錢分不清楚的問題。

有時候是公司借錢給股東，有時候是股東借錢給公司，會產生借款的問題原因有很多，有時候是有真實的金流，由股東匯款給公司並簽立借款契約。有時候是股東代公司墊款，公司的帳戶上查不到支付的金流。我們先從最簡單的借款談起。

7-5-1 以債作股的流程解說

以債作股是 2001 年公司法大修開放的，現行法規定在公司法第 156 條，股東之出資，得以對公司所有之貨幣債權、公司事業所需之財產或技術抵充之。

公司的債之關係，可能是買賣產生的債務，可能是應該付薪資所產生的債務，都可以經過債權人同意，並經過公司相關流程（董事會及股東會決議等），而用發放公司股票來抵償欠款。

> **簡單來說，就是用股票來償還公司的欠款，也就是將債權人變成股東的程序。**

7-5-2 債權人與股東立場大不同

債權人在法律上是可以要求還本付息的，甚至是買賣關係所產生的債權，依原合約還有可能有違約金或是延遲利息等等。

若是債權人的角色轉為公司的股東角色，權利義務就會改變。

股東權沒有辦法要求退股返還當初的投資款，每年領的股息也不一定，要看公司會不會賺錢，有賺錢還要經過公司的程序決定要發放多少股利，每個股東都是平等的。

所以，債權人會想要轉換成股東，關鍵就在於公司的前景是否看好，對未來的股利有更高的期待。

7-5-3 債權抵繳股款需要繳稅嗎？

「債權抵繳股款」這個名詞，處理的是交易後端以債權轉換成股權的概念，這個通常不會有稅的問題。

會產生稅的，其實是前頭的原因關係。

舉例來說，如果你賣給公司一批貨物，賣價 100 萬，最後這 100 萬轉換成股份，課稅的基礎是賣給公司的這一個買賣的行為，要按這批貨當初買入的成本價及賣出價的價差，來課徵所得稅。也有可能賣出的主體是商號或公司，有可能需要課徵營業稅（就是需要開發票的意思）。

至於用應該收到的賣價 100 萬的應收帳款，轉換成公司的股權這一段，是不用考慮稅負的問題。

另一種債權轉股權的狀況是，原本公司跟某個人借了一筆 50 萬元，這個人可能是股東，也有可能不是股東，約定好借錢的條件，借款人將借款 50 萬元匯到公司戶頭，借款人的身份就從借款人變成債權人，公司變成債務人。

最後公司跟債權人協商，公司願意讓債權人變成股東，也就是公司願意發行新股，讓債權人從持有債權，轉而變成持有股權。

由於債轉股我們不需要討論稅的問題，債轉股的原因關係，就是當初借款 50 萬的借款法律關係，由於借款是有支付對價（有交付借款 50 萬元），所以這筆借款不需要考慮所得稅的問題，換句話說「有所得」，才需要考慮所得稅的問題。

- **定義何謂股東往來產生原因**

經濟部早期就對股東往來發布解釋，明確定義股東往來是公司與股東債權債務關係的會計科目，若出現借餘則代表公司借款予股東，出現貸餘則代表股東借款予公司。實務上股東往來有可能是借款關係，有可能是代墊費用的關係。借款關係比較好說明，就是股東借款給公司匯款，會有匯款的記錄。有匯款記錄的交易，法律關係相對是明確的，這樣的借款關係作為以債作股的標的，是比較好讓商業處接受的。

7-5-4 代墊款所產生的股東往來

另外一種方式是代墊費用的關係，代墊費用大概可以分成兩種方式。

一種是代墊款，是公司通知借款人需要支付這筆代墊款，由借款人匯錢進公司的戶頭，再由公司撥款支付這筆款項。這一種代墊的方式，可以用上面借款的方法來處理。

另一種代墊款的方式，是公司將需支付的憑證交給借款人，由借款人支付完款項，再將付完款確認好的憑證交付予公司入帳。這種代墊的方式，也有憑證可以證明借款人有代墊的情況。實務上這種代墊也可以送商業處，因為有憑證可以證明相關支出由借款人代為支應。

最後一種股東往來，可能是兩套帳為了調整帳務所產生的股東往來。兩套帳之所以會產生股東往來，是因為平時按憑證記帳，有憑證才記帳，沒有憑證就不記帳，交易不見得都會產生憑證。例如股東借款就不會有收據及發票產生。等到年底調整帳務的時候，才確定銀行存款的金額，再將帳上銀行存款的金額調到與存摺金額相符，這樣子的調整，實在找不到相對應的方式來調整，只好將股東往來當作相對科目來調整。這樣子的股東往來，是因為年中有些交易沒有辦法入帳，年底一次調整，才會產生彙總表達的結果。這樣子的股東往來很難讓商業處接受！

7-5-5 帳上有巨額股東往來可以怎麼處理？

如果是年終調整帳務所產生的股東往來，可能無法讓商業處接受，但是既然是入公司帳，一定是可以被股東及公司方所接受。

如果這部分的股東往來要增資的話，建議請股東實際匯款進入公司，將原本沒有資金記錄的股東往來債權，轉換成有實際資金記錄的債權債務，就可以採用上面所述的借款方式作增資了。

7-5-6 股東往來（借款）轉增資案例

股東「好野人」借款 1,000 萬元予「衝很大」公司，商量好定期付利息，無耐借款不到一年，「衝很大」公司因為實行某商業計劃，而將台幣 1,000 萬元的借款虧光了，導致無法還款付息。

「好野人」知道「衝很大」公司的商業計畫未來還需要許多資金來支應，看好「衝很大」公司未來商業的獲利狀況，剛好「衝很大」公司欲與「好野人」協商還款事宜，並願意與「好野人」談以債權抵繳股款（以債作股）。

「好野人」見機不可失，欲與公司談佔比較高的入股。

原「衝很大」公司總估值為 2,000 萬台幣，資本額 500 萬，發行總股數 1,000 萬股，由於「衝很大」公司燒錢燒的很兇，總覺得商業計畫快要失敗了，為了解決「好野人」的債務問題，按估值該債權若按市價比例，佔市值的佔比為：

1/3（債權 1,000/（總估值 2,000+ 債權 1,000）=1/3）

約33.33%，但「衝很大」公司為了避免後續還款的壓力，欲將給「好野人」的佔比提高到40%，計算如下：

公司總股數 = 增資前股數 10,000,000 股 /（1-40%）= 增資後總股數 16,666,667 股

公司本次增資股數 = 增資後總股數 16,666,667 股 - 增資前股數 10,000,000 股 =6,666,667 股

「好野人」投資的每股價格 = 債權金額 10,000,000 元 / 認購股數 6,666,667 股 = 約為 1.5 元

增資程序：

1. 準備當初借款予公司的資金記錄（資金匯入匯款的銀行存摺）。

2. 經公司董事會及股東會決議。

3. 債權人同意用債權抵繳股款的同意書。

股權規畫表如下：

股權規畫表

	增資前				理由	新股東增資			增資後			
	股款	股價	股數	持股比例	說明	股款	股價	股數	股款	股價	股數	持股比例
原股東	5,000,000	0.50	10,000,000	100.00%					5,000,000	1	10,000,000	60.00%
好野人	0	1	0	0.00%	債權以債作股	10,000,000	1.50	6,666,667	10,000,000	1	6,666,667	40.00%
C	0	1	0	0.00%					0		0	0.00%
其他股份	0	1	0	0.00%					0		0	0.00%
合計	5,000,000		10,000,000	100.00%		10,000,000		6,666,667	15,000,000		16,666,667	100.00%

7-6

如何將使用權作為股本作價的標的？

一般若採用使用權，依照公司法相關法條，是無法作為公司增資標的。但繞過公司法走不通的法條，仍可以達到相同的目的。

7-6-1 使用權的解說

一般使用權，通常是指土地或不動產的使用權，這類的使用權金額會比較大，比較難以短期回收，只有慢慢透過時間，一期一期的回收這筆金額。

但是這樣的權利也可以透過合約的方式來規制，通常走合約會簽定有償的租賃合約，或是無償的使用借貸合約。

若更進一步其實可以透過設定地上權，讓使用權債權物權化，變成登記上有權利的權狀，會更容易主張自己的權利。

有沒有辦法，讓使用權可以被公司資本化呢？ 其實可以的。

7-6-2 使用權作股本的增資流程解說

透過以債作股的方式，能將使用權作為資本化的標的。

第一步，需要先準備使用權的契約。我國的民法並不禁止將權利作為買賣的標的，所以使用權可以簽訂「買賣契約」，作為買賣合約的標的。透過與公司簽定的買賣合約，可以產生可以作為增資標的的債

權債務，達到債權抵繳股款的目的。

7-6-3 使用權作股本要準備的文件

有打算要將使用權作價的公司，要準備的文件如下：

1. 公司應先與使用權提供的投資方確定好價格，並且簽定契約書。

2. 依合約書的價格將使用權交付公司。

3. 確定要增資的使用權是否已經存在且發生。

4. 投資方投資入股的同意書。

還有其他經濟部規定的文件，切記若打算要將使用權作價入股，請找人幫忙評估後續的效果是不是符合公司的需求。

7-6-4 使用權作價的稅負問題

賣不動產需要繳稅，領薪水也需要繳稅，使用權作價入股，當然也是要繳稅。這方面要投資方，以使用權以何種成本買入，舉證收入成本來計算所得稅。

要小心，個人這方面的綜合所得稅是累進稅率課稅哦！

7-6-5 使用權的增資案例

「好事多」公司與地主租了一塊地，在上面興建大賣場，做日用商品的大規模量販店，「好事多」公司與地主簽訂租約，每月繳租金台幣 800 萬元，「好事多」公司與地主亦達成協議，地主看好「好事多」公司未來的發展，願以前半年 800 萬元 X6=4,800 萬元之租金作為投資「好事多」公司 1% 之股款。

簽約後過了半年，該租金債權已達已發生且可增資的狀態。

好事多公司的資本額為 2 億元，共 2 億股計算如下：

> 增資後總股數 = 增資前總股數 200,000,000 股 /（1-1%）= 增資後總股數 202,020,202 股
>
> 本次增資股數 = 增資後總股數 202,020,202 股 - 增資前總股數 200,000,000 股 =2,020,202 股
>
> 每股認購價格 = 租金 48,000,000 元 /2,020,202 股 = 約 23.76 元

增資程序如下：

1. 公司與地主簽定租賃契約書。

2. 依公司已依租賃契約使用土地中。

3. 確定要增資的使用權債權債務是否已經存在且發生。

4. 投資方投資入股的同意書。

股權規畫表如下：

股權規畫表

	增資前 股款	股價	股數	持股比例	理由說明	新股東增資 股款	股價	股數	增資後 股款	股價	股數	持股比例
原股東	5,000,000	0.50	10,000,000	100.00%	債權以債作股				5,000,000	1	10,000,000	60.00%
好野人	0	1	0	0.00%		10,000,000	1.50	6,666,667	10,000,000	1	6,666,667	40.00%
C	0	1	0	0.00%					0		0	0.00%
其他股份	0	1	0	0.00%					0		0	0.00%
合計	5,000,000		10,000,000	100.00%		10,000,000		6,666,667	15,000,000		16,666,667	100.00%

7-7

公司發行股票稅不稅？

買賣股票要如何節稅，是一個大問哉。

難就難在稅務制度的設計真的是很複雜，如果不知道稅務的系統與架構，也對數字沒有概念，就不會知道要怎麼處理節稅的問題。

7-7-1 股票賣買的節稅策略

公司是不是要發行股票是不是一件事，仔細想想發行股票還真是一件大事。有沒有發行股票會影響股東買賣股票的所得計算方式，這件事其實很重要。

若是有價證券被認定為依證券交易稅條例，應課徵證券交易稅之股票，就是證券交易所得。

有些有價證券無法被認定為證券交易所得，只好課徵綜合所得稅的財產交易所得。

有價證券除了買賣要課徵證券交易稅與財產交易所得，若持有也有可能會取得股利，相關課稅的資料異同見下表：

處分有價證券所得課稅的彙總

身分別	有價證券課稅類別	交易稅	所得稅	投資於國內營利事業股利所得
自然人	證券交易	買賣價款的 0.3%	免稅	股利低於 94 萬元併入綜合所得稅，可退稅每戶 8.5%（上限 8 萬元）股利高於 94 萬元可不併入綜合所得稅按 28% 分開計稅。
自然人	財產交易	無	獲利按累進稅率 0%-40%	股利低於 94 萬元併入綜合所得稅，可退稅每戶 8.5%（上限 8 萬元）股利高於 94 萬元可不併入綜合所得稅按 28% 分開計稅。
公司組織（註1）	證券交易	買賣價款的 0.3%	免稅	不計入所得課稅（註2）
公司組織（註1）	財產交易	無	獲利按 20%	不計入所得課稅（註2）

註：（註1）公司組織除了本表的營利事業所得稅本稅以外，其他的所得稅還有有未分配盈餘加徵 5% 與最低稅負（所得基本稅額條例），此兩者計算過程跟營利事業所得稅的方式有點差異，沒有列於本表。

（註2）這裡的股利所得，專指符合所得稅法 42 條營利事業，因投資國內營利事業獲配的股利或盈餘，不計入所得額課稅的股利。不符合所得稅法 42 條者，應按股利所得課徵 20% 的所得稅。

以上先看看證券交易與財產交易的不同，無論被如何認定。

實務上通常會認為被認定為證券交易比較划算，因為只要按買賣價的 3%，課徵交易價款的交易稅，免被依所得課稅，交易稅的課徵基礎是買賣價格，所得稅的課稅基礎是獲利金額的多寡。

通常交易稅的金額不會太多，所得稅若是價差比較大，就會是一個比較大的金額。

原則上只課交易的所得稅是財產交易所得，原則上只課交易稅的是證券交易所得，所以：

如何將財產交易所得，轉換為證券交易所得就是一個很重要的課題。

≡ **NOTE：「財政部 840629 台財稅第 841632176 號函：轉讓未依法簽證之股票不屬證交稅課徵範圍。」**

主旨：股份有限公司股東轉讓該公司掣發未依公司法第 162 條規定簽證之股票，核非證券交易，係轉讓其出資額，應屬證券以外之財產交易。

- 公司法第 162 條

發行股票之公司印製股票者，股票應編號，載明下列事項，由代表公司之董事簽名或蓋章，並經依法得擔任股票發行簽證人之銀行簽證後發行之：

一、公司名稱。

二、設立登記或發行新股變更登記之年、月、日。

三、採行票面金額股者，股份總數及每股金額；採行無票面金額股者，股份總數。

四、本次發行股數。

五、發起人股票應標明發起人股票之字樣。

六、特別股票應標明其特別種類之字樣。

七、股票發行之年、月、日。

股票應用股東姓名，其為同一人所有者，應記載同一姓名；股票為政府或法人所有者，應記載政府或法人之名稱，不得另立戶名或僅載代表人姓名。

第一項股票之簽證規則，由中央主管機關定之。但公開發行股票之公司，證券主管機關另有規定者，不適用之。

因此，若公司有依照公司法第 162 條找銀行簽證並發行股票，就不會將股票的買賣列入財產交易所得，轉而列入證券交易所得計算。

那股份有限公司可以用公司法第 162 條，那有限公司可以用嗎？見如下的解釋：

☰ NOTE：「財政部 69 台財稅第 35243 號函：買賣未上市股票仍應課徵證券交易稅」

證券交易稅條例第 1 條規定，凡買賣有價證券，除各級政府發行債券外，應依法課徵證券交易稅。故不論有價證券是否在證券交易所上市買賣，凡有轉讓買賣行為者，均應依法課徵證券交易稅。公司股票雖未公開上市，各股東買賣所持有之股票，依照上開規定，應依法課稅。

未發行股票之股份有限公司,其股東於轉讓股份時,持憑辦理過戶之各種「股份轉讓憑證」及其他代表「股份」之憑證,非屬證券交易稅條例第 1 條第 2 項規定之有價證券,應免課徵證券交易稅。

主旨:有限公司股東,如將其出資額或股單轉讓,應免徵證券交易稅。

說明:代表有限公司股東出資之股單或其他憑證,尚非證券交易稅條例第 1 條所稱有價證券。

換句話說,有限公司的股份轉讓的獲利,跟未發行股票的股份有限公司,都只能是財產交易所得。只有按公司法第 162 條,公司找銀行簽證發行股票,始得依證券交易稅條例,納證券交易稅,買賣股票的所得才可以列為證券交易所得。

後來新的公司法有修法,增列公司法第 161-2 條,得免印製股票,即採用無實體發行的制度。

由於這個部分跟傳統的有價證券需要將股票印出來,以紙本的方式呈現的要求不同,為了保護投資人,公司法第 161-2 條亦規定未印製

股票之公司，應洽證券集中保管事業機構登錄其發行之股份，始完成有價證券的發行，始得適用證券交易稅條例課稅。

☰ NOTE：公司法第 161-2 條

發行股票之公司，其發行之股份得免印製股票。

依前項規定未印製股票之公司，應洽證券集中保管事業機構登錄其發行之股份，並依該機構之規定辦理。

經證券集中保管事業機構登錄之股份，其轉讓及設質，應向公司辦理或以帳簿劃撥方式為之，不適用第一百六十四條及民法第九百零八條之規定。

前項情形，於公司已印製之股票未繳回者，不適用之。

7-7-2 股票節稅案例解析

曾經有個「小資存股」投資人來找我，「小資存股」告訴我他存股已經存了 20 年了，現在他一年可以領到台幣快 800 萬的股利，而且還一直增加中，問我該如何處理，有沒有節稅的對策？

我覺得很驚訝，因為「小資存股」投資人對他的股票投資標的，很有毅力與策略，反覆堅持存股，而且堅持了 20 年，真的不是一件容易的事。

我建議他的方法如下。

- **方法一：將股利所得轉為股票買賣價格的方法。**

由於自然人買賣股票免課證券所得稅（仍有證券交易稅），建議股票除權息會有一個價格差。例如台積電股票是 330 元，若當季發放 5 元的現金股利，除息基準日當天，市場的股價就會自動扣除 5 元的股利，因此台積電股票開盤就會以 325 元的股價開盤，如果可以在前一天賣 330 元，隔天再以 325 元買入。

那就等同於將股利收入（應課綜合所得稅），轉換為證券交易所得（免課綜合所得稅）。

問題是，事實總非盡如人意，台積電的股票常常會有強力的填息能力，也就是開盤是 325 元，但是股票會馬上跳上 330 元，等同於沒有發過股利的價碼。如果賣股是 330 元，結果隔天買不回來，或是買到是 332 元，那就虧到了。建議還是要具體看看股票的特性，或是供需強度來決定是否採用這個策略。

- **方法二：用公司組織來當作存股的主體。**

個人適合短線進出買賣股票，免課綜合所得稅及證券所得稅。

公司因為兩稅合一，適合長期持有股票，所以領取現金股利及股票股利，都可以適用所得稅法第四十二條不計入所得課稅。

另一種方法是，直接將存股的股票，當作投資的標的，投資放進一家「存股」公司，透過公司發行新股跟投資人換上市櫃的股票的方法，由個人持有股票轉換由公司持股，讓公司持有股票得以領股利，得以不計入所得額課稅。

值得注意的是，由於公司相較於個人，稅務風險比較大及複雜度比較高。公司的稅，除了包括營業稅、營利事業所得稅，所得基本稅額條例（最低稅負），及未分配盈餘加徵百分之五。

　　建議是找專業人士好好規畫，規畫的目的要追求成本效益以外，尚需要追求帳務安全與保守，並且讓風險最小化。

　　另外一個重點是，千萬不要待被投資公司決定分配股利後，已經知道要分配多少股利之後，拿到股利的金額前，做這個股份轉讓的動作，會讓稅捐稽徵機關認為在逃避領股利，可能會有很大的稅務風險。

7-8

創業家的經營困境

　　有一個創業家約我開會，主要是要探討公司經營的問題，這個創業家努力了很久，最後因為財務狀況不好所以頭很痛，這個問題一直很困擾著他，問題是財務狀況每況愈下，公司的營運資金也越來越緊，越來越沒有充裕的空間。

　　由於我是股東的關係，這個創業家就約我討論公司經營營運的狀況。

　　我看完帳，分析完報表之後，就試著跟他討論，週轉不靈的公司，不意外的就是入不敷出而已。收入不多支出卻可以很多，支出很多總有各式各樣的理由，收入很少也總是會有各式各樣的理由，總而言之以為錯的都是別人，不見得會是自己，因為支出比收入多，長時以往，一直吃著自己的老本，久而久之就陷入了經營的困境。

　　監督員工的工作，你可以說某某員工績效不好、執行不力，但是經營者其實是負責公司成敗最終責任的負責人，也就是說，無論這個黑鍋是誰造出來的，經營者都有義務要扛起這個黑鍋。

　　所以經營者有背黑鍋的責任，因為公司的運作都是經營者的決策決定出來的，換句話說，經營者有最終承擔成敗的責任。

　　陷入經營的困境，最後會有什麼樣的結果呢？如果改善不來的話，有可能是公司倒閉，如果可以改善的話，公司可能不會倒閉，但是什麼樣的改善是公司需要的呢？最基本財務面的指標，至少要收入大於支出，收入大於支出才有可能有剩下的結餘，有結餘才能支付其他的

費用和支出，支付完其他的費用，和支出之後，才有可能多的分給股東。

這個創業者問我一個問題，他要不要去借錢來撐住這間公司呢？

我反問他說，請問誰要去借這一筆錢來撐著這個公司？這一筆錢要不要還呢？如果這一筆錢借的是不要還的，那我歡迎他去借，反正借到了就拍拍屁股不要負責任了，也不用還了。如果這一筆借的錢是要還的，那公司如果不小心倒了，這一筆借的錢誰要還？既然公司倒掉了，公司股東們是不可能幫你負擔還這一筆負債的，依現行的銀行實務董事及負責人要負連帶責任，最後倒楣的還是這個負責借款的善心人士（通常是負責人），這個局面將會很難收拾。

這個創業者又問我另外一個問題，他要不要找更多股東來撐住這個公司？

我反而跟他說，如果公司的量入為出問題沒有解決，找更多股東來，只是拿出錢來給公司燒而已，沒有解決只會燒得更快，那找股東來，如果公司又倒了，不就又害了這個投資者，投資的錢也不見了。

這個局面的問題，還是要回到根本的開源節流，開源就是考慮更多的公司收入，怎麼把可以由公司收到的錢，認真地考慮公司收錢的機制，認真的把錢收到，並且穩穩的放在公司的口袋裡。

節流的部分就是，如何讓公司的支出可以少一點，如何讓公司的支出可以更有辦法產生收入達到預期的效益。

站在一個創業者的角度，來想這個問題，才有辦法把問題解決。況且把問題分析出來之後，創業者心裡，願不願意去面對這個問題，才是創業者的最大挑戰。

　　創業家願不願意承認自己有決策上的錯誤，並且革自己的命，要以今日之我挑戰昨日之我，是一件不容易的事。唯有創業者能夠把思考落地，並且踏實的執行，才有辦法重新把整個公司的局面，重新考量整體做翻轉。

　　後來我跟這個創業者恭喜了一下，當你遇到這些問題，才是老天準備要考驗你的時候，當你想清楚了這個問題，代表你就可以解決了這些問題。老天給你的考驗，是你要去想辦法渡過難關。過了這個難關之後，你學到這個技能，公司未來就有獲利的可能。沒有遇到這個失敗跟困難，搞不好我們還學不會，學會了之後，就是怎麼樣量入為出執行的了。

　　遇到問題，我們必須要鼓起勇氣去面對問題，才有解決問題的機會與可能。

　　人世間的事很多都是禍福相倚的，看起來是絕望的，但是過了絕望就是一片美妙的春天。看起來是美好的狀況，但是過了美好的狀況，可能就是一片冰冷的寒冬。

　　創業家要看得懂自己面臨的局，老天給的是什麼樣的考驗，才會知道怎麼樣磨練自己的心理素質。心中的抗壓力是需要經過訓練的，擁有一顆感謝的心，可以讓創業家好好繼續的走下去，不會太過怨天尤人。

而這本書，是筆者以會計師的專業，在多年來輔導創業家、創業團隊、投資人的過程中，從股權規劃出發，幫助創業公司解決財務、估值問題，所做的實戰案例總結，希望能夠幫助創業者在這條路上，找到創造價值的更多方法。

【BizPro】2AB542

創業股權規劃實戰聖經：
給台灣新創、投資者的募資、估值、財務問題解決指南學

作　　者	莊世金	
責任編輯	黃鐘毅	
版面構成	江麗姿	
封面設計	陳文德	
行銷企劃	辛政遠、楊惠潔	
總 編 輯	姚蜀芸	
副 社 長	黃錫鉉	
總 經 理	吳濱伶	
發 行 人	何飛鵬	
出　　版	電腦人文化	
發　　行	城邦文化事業股份有限公司	
	歡迎光臨城邦讀書花園	
	網址：www.cite.com.tw	

香港發行所城邦（香港）出版集團有限公司
　　香港灣仔駱克道 193 號東超商業中心 1 樓
　　電話：（852）25086231
　　傳真：（852）25789337
　　E-mail：hkcite@biznetvigator.com

馬新發行所城邦（馬新）出版集團
　　Cite（M）Sdn Bhd
　　41, Jalan Radin Anum, Bandar Baru Sri
　　Petaling, 57000 Kuala Lumpur,
　　Malaysia.
　　電話：（603）90578822
　　傳真：（603）90576622
　　E-mail：cite@cite.com.my

印　　刷　　凱林彩印股份有限公司
　　　　　　2024 年 (民 113) 3 月 初版 8 刷
　　　　　　Printed in Taiwan.
定　　價　　420 元

如何與我們聯絡：
若您需要劃撥購書，請利用以下郵撥帳號：
郵撥帳號：19863813　戶名：書虫股份有限公司

若書籍外觀有破損、缺頁、裝釘錯誤等不完整現象，想要
換書、退書，或您有大量購書的需求服務，都請與客服中
心聯繫。

客戶服務中心
地　　址：10483 台北市中山區民生東路二段 141 號 B1
服務電話：（02）2500-7718、（02）2500-7719
服務時間：週一至週五 9：30 ～ 18：00
24 小時傳真專線：（02）2500-1990 ～ 3
E-mail：service@readingclub.com.tw

※ 詢問書籍問題前，請註明您所購買的書名及書號，以及
在哪一頁有問題，以便我們能加快處理速度為您服務。

※ 我們的回答範圍，恕僅限書籍本身問題及內容撰寫不清
楚的地方，關於軟體、硬體本身的問題及衍生的操作狀況，
請向原廠商洽詢處理。

※ 廠商合作、作者投稿、讀者意見回饋，請至：
FB 粉絲團：http://www.facebook.com/InnoFair
Email 信箱：ifbook@hmg.com.tw

國家圖書館出版品預行編目（CIP）資料

創業股權規劃實戰聖經：給台灣新創、投資者的
募資、估值、財務問題解決指南 / 莊世金 著 .
-- 初版 -- 臺北市；電腦人文化出版
；城邦文化發行，民 109.4
　面；　公分

　　ISBN 978-957-2049-14-3（平裝）
　　1. 創業 2. 企業經營

494.1　　　　　　　　　　　　　109004970